城镇合流制溢流污染调蓄及处理设施建运关键技术

主编单位：中建三局集团有限公司

中建三局绿色产业投资有限公司

主　　编：汪小东　刘　军　邓德宇

中国建筑工业出版社

图书在版编目（CIP）数据

城镇合流制溢流污染调蓄及处理设施建运关键技术 /
汪小东，刘军，邓德宇主编. -- 北京：中国建筑工业出
版社，2024.7. -- ISBN 978-7-112-29882-2

Ⅰ．X5

中国国家版本馆 CIP 数据核字第 2024WV3069 号

本书全面总结了作者单位对城镇合流制溢流污染调蓄及处理设施建运关键
技术的探索实践，全书共分为 5 章，第 1 章绪论对合流制溢流污染的成因、特
性，以及本书内容依托工程进行了介绍；第 2 章工程设计篇介绍调蓄池设计规
划关键技术、污水强化处理设计关键技术；第 3 章施工建造篇对地基处理关键
施工技术、深大基坑施工关键技术、结构施工技术、结构渗漏控制关键技术、
大型调蓄池功能性试验关键技术进行了介绍；第 4 章设备安装篇对设备总体要
求、调蓄池设备、预处理设备、强化处理设备、除臭装置等进行了介绍；第 5
章运行调度篇对 CSO 调蓄及强化处理系统、系统调度、系统运行方式、工艺控
制进行了介绍。本书内容全面，可供行业从业人员参考使用。

书中未注明的，长度单位均为"mm"，标高单位为"m"。

责任编辑：王砾瑶　张　磊
责任校对：赵　力

城镇合流制溢流污染调蓄及
处理设施建运关键技术

主编单位：中建三局集团有限公司
中建三局绿色产业投资有限公司

主　编：汪小东　刘　军　邓德宇

＊

中国建筑工业出版社出版、发行（北京海淀三里河路 9 号）

各地新华书店、建筑书店经销

北京鸿文瀚海文化传媒有限公司制版

建工社（河北）印刷有限公司印刷

＊

开本：787 毫米×1092 毫米　1/16　印张：10¾　字数：268 千字
2024 年 8 月第一版　　2024 年 8 月第一次印刷
定价：**55.00** 元

ISBN 978-7-112-29882-2
（42302）

本书编写指导委员会

主　　任：王　涛
副 主 任：闵红平
委　　员：陈广军　谢路阳　张利娜　赵红兵　张碧波
　　　　　李　敏　龚　杰　刘　畅　汤丁丁　黄文海

本书编委会

主　　编：汪小东　刘　军　邓德宇
副 主 编：朱飞龙　陈安明　刘　雯　杜礼珍　吕振华
编　　委：薛　强　代腾飞　徐震飞　魏　凡　李　德
　　　　　吴华波　覃钦文　刘汝楠　李向阳　徐海飞
　　　　　徐志昂　胡新科　张真伟　陈　俊　张诗雄
　　　　　张延军　邹　静　石稳民　李雪飞　陈　岑
　　　　　梁亚楠　邱震寰　侯伟涛　黄　欢　黄　凯
　　　　　吴明明　程正江　阮鹏程　孙　巍　杨新宇
　　　　　周琪皓　姚永连　陈翠珍　郑　潭　王　伟
　　　　　李明梦　张　超

主编单位：中建三局集团有限公司
　　　　　中建三局绿色产业投资有限公司
参编单位：中国市政工程中南设计研究总院有限公司
　　　　　武汉市水务科学研究院
　　　　　中规院（北京）规划设计有限公司
　　　　　中国市政工程华北设计研究总院有限公司

序言

　　水，作为生命的源泉和万物的基础，对人类的生存至关重要。同时，水也是城市发展的摇篮，在城市形成和演化的过程中，水作为关键的生态环境要素，不仅影响城市的风格，美化城市的环境，又关系到城市的生存，制约城市的发展。随着我国社会经济的快速增长和城市化进程的加速，城市水环境污染问题日益严重，尤其是合流制溢流（CSO）污染问题，长期以来一直是我国水环境改善的制约因素，也是城市水环境治理中需要迫切解决的重大难题。

　　为了解决这一问题，国家从顶层设计层面出台了一系列政策和文件，包括《水污染防治行动计划》（简称"水十条"）、《城市黑臭水体整治工作指南》、《关于全面推行河长制的意见》和《城市黑臭水体治理攻坚战实施方案》等，这些政策有力地推动了城市水环境的提升和改善。自2015年"水十条"实施以来，全国各地采取了一系列措施，如控源截污、内源治理、生态修复和活水保质等，实现了旱天黑臭的基本消除。然而，雨天溢流污染导致河道水体返黑返臭的问题仍然存在，合流溢流污染成为城市水环境治理的顽疾。

　　我国在合流制溢流污染治理方面起步较晚，但德国、美国等发达国家的成功经验表明，采用合流制调蓄设施，通过大截流和提高末端集中处理能力的方式对CSO进行控制，是一条有效的问题解决路径。为了进一步总结符合我国国情的典型城市合流制溢流污染调蓄及处理关键技术，有必要在现有基础上，对城镇合流制溢流污染调蓄及处理设施的关键工艺设计、施工建造、设备安装、运行调度进行梳理，以推动我国城镇合流制溢流污染调蓄及处理设施的建设和运维，从而改善城市合流制溢流污染问题。

　　《城镇合流制溢流污染调蓄及处理设施建运关键技术》一书正是在这样的背景下应运而生。该书以武汉市黄孝河、机场河流域综合治理二期PPP项目为依托，深入探讨了全国规模最大的CSO强化处理设施群以及华中单体规模第一的CSO调蓄池群（调蓄池总规模45万 m^3，一级强化处理总规模 $10m^3/s$）的建设运行技术经验，旨在为我国城镇排水系统的建设与发展提供科学、系统的理论指导和技术支持。该书分析了城镇合流制溢流污染的成因、特性、治理策略及发展趋势，系统总结了黄机项目CSO调蓄池及强化处理设施的工艺设计、施工建造、设备安装、调度运行等一系列关键技术，提出了调蓄池规模确定、容积分质分区，强化处理设施全地下式布局等设计方法；介绍了调蓄池深大基坑施工的关键技术与池体结构质量控制要点；阐述了调蓄与预、强化处理工艺设备选型、安装及调试的要点；提出了多种工况下调蓄池与强化处理设施高效运行策略与管理措施等，这对于促进我国城镇合流制调蓄池建设及运维具有重大现实意义和实用价值。

　　该书案例针对性强，可为城市合流制溢流污染综合治理提供参考和借鉴，同时也可作为水利、市政、环境、生态等水环境综合治理领域专业技术人员和研究生学习的参考书籍。

中国工程院院士

河海大学教授

前言

水是生命之源，是人类生活不可或缺的元素，也是城市发展的生命线，孕育并滋养着城市。随着城市化进程的加速，人口激增，城市工业迅速发展，生活污水和工业废水的无序排放造成了严重的水环境污染问题，严重制约着城市的发展，城市水环境难以满足人民对美好生活的需要。

党的十八大以来，国家高度重视城市水环境的治理问题。出台多部文件强化各类污染源治理，加快补齐城市环境基础设施短板。截至 2022 年底，全国地级及以上城市黑臭水体基本消除，人居环境得到改善，人民群众获得感、幸福感、安全感明显提升。然而随着城镇污水处理比例不断提高，城市合流制地区雨天溢流污染作为制约城市水环境污染控制的重要因素，成为城市水环境治理领域中难点问题。

溢流污染的有效控制，对改善水环境，提升人民幸福感、获得感与安全感有着重要作用。近年来，借鉴国内外成功经验，以过程和末端调蓄为主的处理工艺逐步成为国内合流制溢流污染控制的主流做法。中建三局集团有限公司积极履行社会责任，响应生态文明建设国家战略，以武汉为中心，在全国投资建设了一批有影响力的水务环保工程，为改善当地环境、提升区域环境质量作出了突出贡献。为进一步提炼总结城市合流制溢流污染调蓄及处理设施建设及运维关键技术，本书以黄孝河机场河水环境综合治理二期 PPP 项目建设运营经验为基础，结合国内多个类似工程项目实践，总结了城镇合流制溢流污染特性，对合流制溢流污染调蓄及处理系统关键工艺设计、施工建造、设备安装、运行调度等技术进行了详细论述，以期为相关领域的从业人员和研究者提供一些参考和支持。

本书的相关研究成果得到了"城市高密度建成区水环境综合治理技术集成研究与应用"（CSCEC-2021-Z-2）专项课题的资助，同时得到了武汉市水务局、武汉市水务科学研究院、中国市政工程中南设计研究总院有限公司、武汉市水务工程质量安全监督站、武汉市市政工程质量监督站等单位的大力帮助和指导，在此一并表示感谢！

参与本书编写的除主编人员外还包括朱飞龙、陈安明、刘雯、杜礼珍、吕振华、薛强、代腾飞、徐震飞、覃钦文、徐志昂、张真伟、张延军、邹静、石稳民、李雪飞（排名不分先后）等。本书中还引用了不少专家学者的研究成果，在此一并表示感谢！

限于编著时间和编著者水平，书中不足和疏漏之处在所难免，敬请广大读者批评指正！

王涛

中建三局绿色产业投资有限公司

党委书记、董事长

目录

1 绪论

1.1 合流制溢流污染概述

1.1.1 合流制溢流污染成因

近年来，随着国家对水环境治理的不断投入和人民对美好生活的向往，分流制改造、黑臭水体治理等措施使城镇水生态环境质量得到了大幅提高，城市排水管网不断完善，污水收集处理率持续提升，城市黑臭水体逐渐消除。但部分城市区域由于建成区规划限制、道路断面、经济制约等因素短期内难以实现分流制改造，在暴雨条件下，当合流制排水系统内的流量超过截污流量时，超过排水系统负荷的雨污混合污水将直接排入受纳水体被称为合流制溢流污染（Combined Sewer Overflows，简称 CSO）。通常情况下，合流制溢流污染的产生及浓度主要受降雨条件、下垫面情况、管道沉积物污染以及截流倍数等因素影响。

1. 降雨条件

降雨是合流制溢流污染产生的首要条件，降雨特征对合流制溢流污染浓度有很大影响。降雨强度决定了雨水淋洗地表污染物能量的大小，降雨强度越大，污染物被冲刷的动能越大，合流制溢流污染物浓度也越大；降雨量决定了稀释污染物的水量；降雨历时决定着污染物被冲刷的时间；降雨间隔时间决定了地面污染物的累积量，间隔时间越长，地面累积的污染物越多，一旦下雨，合流制溢流污染物浓度也相应增大。

2. 下垫面情况

城市土地利用类型决定着径流污染物的性质、积累速率和径流系数，从而影响合流制溢流污染的产生和浓度。土地利用类型包括：商业区、工业区、交通区、居住区、绿化区以及建筑施工区。其中，商业区和交通区的污染程度一般高于较低密度的居民区，尤其是重金属污染物。工业区的地表径流由其产业性质决定。绿化区的地表径流则来自于施用的化肥和农药。除此之外，街道清扫状况也在一定程度上影响着合流制溢流污染物浓度。地面清扫频率对地面污染物尤其是 SS 的去除影响很大。根据《室外排水设计标准》GB 50014—2021 中相关要求，各类下垫面径流系数规定见表 1.1-1。

各类下垫面径流系数规定表　　　　　　　　　　　　表 1.1-1

地面种类	径流系数
各种屋面、混凝土或沥青路面	0.85～0.95

续表

地面种类	径流系数
大块石铺砌路面或沥青表面各种的碎石路面	0.55～0.65
级配碎石路面	0.40～0.50
干砌砖石或碎石路面	0.35～0.40
非铺砌土路面	0.25～0.35
公园或绿地	0.10～0.20

3. 管道沉积物污染

有研究表明，合流制排水系统排入河道的污染物负荷约有 60% 来自于管道沉积物，因此管道沉积物也是合流制溢流污染产生的主要原因之一。在旱季，管道中只有旱流污水，管道充满度低，流速较低，管道底部很容易沉积固体杂质等污染物。降雨期间，管道内雨污混合污水流速随流量的增大而增大，旱季时沉积的污染物被水流冲起，特别是降雨初期合流污水中污染物负荷明显增加。

4. 截流倍数

截流倍数是指在排水系统中，被截流的雨水量与晴天污水量的比值，一定程度上反映了合流制排水系统综合截流污水的能力。截流倍数越大，排水系统管径越大，收集的污水量越大，合流制溢流污染越不易产生；反之，则排水系统管径越小，污水收集量就越小，越容易产生合流制溢流污染。雨天时，超出合流制排水系统排水能力的合流污水将直接排入河道，污染受纳水体。

通常，截流倍数取值 2～5，当截流倍数取大值时，排入受纳水体的受污染的雨水就少，但各项投资相应增大，相反则投资减少，但不利于水体的保护。

1.1.2 合流制溢流污染特性

合流制溢流污染主要由城市污水和降水组成，此外，合流制溢流污染因冲刷作用还携有相当部分的污水管道底泥，底泥中含有大量污染物及致病微生物。其中：①城市污水主要包含生活污水、工业废水，其流量及水质相对稳定；②降水包含降雨、融雪，水量受天气影响，情况多变，存在很大的不确定性，水质由自身天然水质及径流携带的污染水质两部分组成，自身天然水质相对稳定（与空气质量负相关），径流携带的污染水质随降雨情况变化而变化；③管道底泥对合流制溢流污染的影响主要是增加污染物浓度，底泥的污染物浓度以及淤积量与降水频次及强度有很大关系。综上，合流制溢流污染是以城市污水为本底，混有因降水而产生的径流污染，并因冲刷作用而携带管道底泥。因此，合流制溢流污染的特点很大程度上取决于降水情况，具有高污染性、非连续性、暴发性、随机性等特性。

1. 高污染性

国内外研究显示，溢流的混合污水具有高污染性，其中污染物产生方式主要有生活污水排放、雨水径流冲刷地表沉积物以及旱季时管道沉积物被冲刷带起等多种渠道，因污染物产生途径较多，所含污染物种类也复杂多样，有机污染物、悬浮固体、氮、磷、重金属等无机物以及细菌、病毒等微生物含量高于地表水，甚至高于城市生活污水排放标准，溢流污水一旦无序排放，将给城市水体环境带来严重污染。

2. 随降雨特性不同而变化

根据国内相关研究可知，雨天合流制管道流量峰值与雨强峰值并非同时出现，管道流量峰值一般滞后于雨强峰值的主要原因是降雨经汇流进入管网以及管道内的输送都需要时间，雨天合流制污水污染物浓度峰值与管道流量峰值出现时间相差较小，几乎是同时出现，当降雨为小到中雨或大雨时，污染物浓度平均值随降雨总量的增加而增加，而当降雨为暴雨或大暴雨时，后期降水对污染物起到的稀释作用明显，导致后期污染物浓度较低，污染物浓度平均值随降雨总量的增加而减小。

因此，短时集中降雨特别是前峰雨情况下，合流制溢流污染最为严重，而连续的中、低强度降雨特别是后峰雨情况下，可充分发挥截流设施的截流效能，合流制溢流污染则较轻，见图 1.1-1。

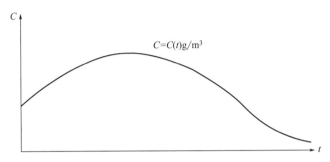

图 1.1-1　雨天合流制溢流污染物浓度曲线

C—合流制污水中 COD 浓度（g/m^3）；t—汇流时间

3. 径流污染与底泥污染

降雨期间，合流制溢流污染形成初期，污水流量不断变大，初期雨水冲刷携带地表大量污染物，同时管道中沉淀的底泥被带走，易产生污染物浓度高峰。随后由于径流量不断增大，溢流污水稀释作用大于污染效果，溢流污水的污染物浓度恢复至初始水平，这种现象被称作初期冲刷（first flush）；降雨初期污染物浓度很高，通常是旱流污水的几倍之多，有时甚至可以达到旱流污水的几十倍。降雨径流污染中，56%±26% 的悬浮物来自城市地表与雨水口的沉积物，44%±26% 的悬浮物源于生活污水的沉积物。

4. 时间特性

合流制溢流污染由降雨而触发，由于降雨并非呈现一定规律性，而是时断时续，降雨时间长短不一，因此合流制溢流污染具有非连续性、间歇性的特点。

1.1.3 合流制溢流污染对受纳水体的影响

合流制溢流污染中含有大量的污染性物质：如有机物、氮、磷等营养物质；重金属、氯代有机物、EDCs（环境内分泌干扰物质）、PPCPs（药物及个人护理品）等有毒有害物质；大量致病微生物。合流制溢流污染作为这些污染物质迁移的载体，若未经处理而直接排入水体，将存在较大危害。

合流制溢流污水中高浓度的有机污染物在降解时需要大量消耗河湖中的溶解氧，当超过水体的富氧能力时便会造成水体缺氧，影响水生动植物的正常生存，进而影响水生态，甚至形成黑臭水体。合流制溢流污水中高浓度的氮、磷等污染物，是城市水体中形成水华的元凶之一。

同时，合流制溢流污水中的难降解有机污染物、重金属等，被水生动植物摄入后再被高等级的动物捕食，会逐渐造成污染物的富集，最终通过食物影响人类的健康。

临水而居，把水纳入居住空间，是城市生态景观的重要内容，过量的合流制溢流污水进入城市水体后，依靠水体自净能力已不能满足消纳要求，将会导致水体出现色度增加、浊度升高、臭味增加的现象，当污染物积累到一定程度时便会成为黑臭水体，不仅会给人带来不适的感官体验，也会影响城市的生态功能，削弱城市活力，影响城市的综合发展。

1.1.4　合流制溢流污染治理策略及发展趋势

1. 合流制溢流污染治理国内外研究现状

对合流制溢流污染的认识和研究起源于欧、美、日等发达国家，美国对合流制溢流污染控制的研究可以追溯到 1964 年。美国不仅出台了关于合流制溢流污染控制的一系列法规及相关文件，如《国家合流污水控制策略》（BMP）等，同时，针对合流制溢流污染状况，采取了相应的具体措施，如改造合流管道、增大管道尺寸、增大污水处理厂的处理容量等。德国从 20 世纪 80 年代开始关注合流制溢流污染的问题，其比较重视源头污染控制、合流制溢流污染控制和雨水径流污染控制的结合，大量修建雨水调蓄池，并取得了较好的效果。日本于 20 世纪 80 年代开展了对城市雨水利用与管理的研究，并专门成立了合流制管道系统顾问委员会来研究合流制溢流污染的控制问题。目前，我国某些大城市在对合流制溢流污染的治理上积攒了一定的经验，如上海市在合流制溢流污染对苏州河的污染治理上采用了调蓄处理技术，在溢流口处设置调蓄池；广州市在综合调研的基础上提出了"雨污合流"的污水收集和处理办法，具体措施包括对检查井底部并进行处理以防止垃圾和污浊物的沉积、增强管网排水能力、在溢流井内设置过滤网格栅等；武汉市采用增大截流倍数和改造截流干管的方式以增加雨季污水截流量，减少合流制溢流污染发生次数，并取得了一定成效。虽然某些大城市在合流制溢流污染的控制上取得了一些成果，但从总体上看，我国控制合流制溢流污染尚未引起足够重视，因此对合流制溢流污染的治理仍任重而道远。

2. 合流制溢流污染治理策略

根据国内外典型城市的合流制溢流污染控制实践来看，溢流污染控制主要通过以下 3 种技术路线结合实现：源头削减、过程控制、末端治理。

1）源头削减

雨季时，超过截流干管截流能力的过量雨水汇入合流制管渠中以及雨水冲刷地表和管道是造成溢流污染的两大直接原因。源头控制即从减水量和提水质两方面入手，通过下沉式绿地、植草沟等措施下渗吸收部分雨水量以减少进入管网的水量，通过绿化植物、透水铺装、生物滞留措施等过滤截流措施减少雨水径流冲刷带入的污染物，从而实现从源头减少溢流污染总量的目的。

（1）绿色屋顶

绿色屋顶能够通过植物、过滤层等拦截过滤晴天时降落的悬浮物、灰尘、颗粒有机物等污染物，减少雨水径流中携带的污染物，可有效地控住城市面源污染，是海绵城市建设的重要措施之一。通过章孙逊等的试验结果揭示，植被可提高绿色屋顶径流削减率和有效降低径流中 NO_3—N 的浓度。同时，绿色屋顶在不增加占地的情况下还能发挥降噪、降低城市热岛效应的优点，应用前景广泛。

（2）下凹式绿地

下凹式绿地能够通过其下凹结构暂存和下渗雨水，又称雨水花园，是海绵城市建设的重要措施之一。

其具备的调节容积可以削减雨水径流的洪峰流量，本身所具有的植物能够对径流雨水的污染物进行去除，同时，下渗的雨水可补充地下水。

2）过程控制

除雨污分流制改造外，过程控制通常通过以下两种途径实现：

（1）提高系统的截流倍数

截流式合流制排水系统中，截流干管截流的雨水量通常按旱流流量的指定倍数计算，该指定倍数称为截流倍数。超过截流倍数的雨水量，将通过溢流井溢流至下游水体，即合流制溢流量计算式如下：

$$Q_y = Q_s - (n_0 + 1)Q_{dr}$$

式中，Q_y 为合流制溢流量；n_0 为截流倍数；Q_s 为雨水设计流量；Q_{dr} 为旱季设计污水量。

从上式可以看出，截流倍数越大，则合流制溢流量越小，造成的环境污染越小。但同时截流干管的管径相应增大，与之配套的污水处理规模也相应提升，鉴于溢流的混合污水的非连续性，过大的截流倍数将造成处理能力的浪费和经济性的下降，因此，在选择截流倍数时需结合环境要求和工程经济性综合衡量后确定。

（2）调蓄池

调蓄池作为一种水收集措施，在控制分流制初期雨水和合流制溢流污染等方面应用较为普遍。其基本工作原理是降雨时利用自身较大的容积暂存初期雨水或超过溢流能力的混合污水，在降雨减弱或停止时，再将所储存的污染较为严重的混合污水通过管网输送至污水处理厂进行处理，其效果相当于增大系统的截流倍数，从而达到提高水质的目的。有资料表明，兴建调蓄池后，排水城市水体的污染物削减量可达 50%。

阎轶靖采用城市综合流域排水模型（InfoWorks ICM）构建八一大沟排水系统管网模型来研究在 CSO 污染中调蓄池的作用，研究表明降雨初期当地表径流小于 15mm 时不出现溢流，当降雨量到达 18mm 时对溢流污染控制率可以达到 93.2%，增加调蓄池单元结构可以在 83% 降雨中不发生溢流，并能在 87% 降雨中有效截流一半以上的污染物。陈贻龙采用城市雨污水排水系统模型（InfoWorks CS）建立了昆明市西片区排水管网的水力模型，分析了土堆泵站片区和郑和路沟片区两地设置调蓄池对 CSO 污染的削减作用，研究表明在增加调蓄池之后对 COD 的削减率不低于分流制对 COD 的削减率。张平等依据初期雨水对天津市河道水质的影响确定了设计规格为 25mm 降雨量时的合流制调蓄池，在先锋河服务范围内设计了有效容积为 10 万 m^3 的合流制调蓄池，能够有效截流 78% 年平均径流量、削减 90% 的溢流污染物。

但受限于自身容积的限制，当降雨量超过设计能力时，仍有部分混合污水溢流至下游水体，如何确定调蓄池的容积参数需经过模型模拟或统计计算等方法确定。

3）末端治理

通过对源头治理措施和过程控制措施的分析可知，在降雨量较大的时候均存在混合污水溢流污染的风险。

因此，采用经济合理的末端治理措施也是减少污染的重要手段之一，其中旋流分离器、末端人工湿地、快速处理设施的应用较为典型。

（1）旋流分离器

旋流分离器在离心力的作用下，通过旋流分离技术，利用混合污水中固液两相的密度差来实现固液分离，从而减少混合污水中的污染物。高速的混合污水通过旋流分离器上端进入，在旋流分离器特定的结构旋转下降，混合污水中的固相和液相由于受到不同的离心力而产生两相分离，并通过下端不同的排出口排出，实现污染物的去除。有研究表明，溢流的混合污水通过旋流分离器后，特定粒径的颗粒物的去除率可达60%。同时旋流分离器还具有结构紧凑、占地面积小、污染物处理效率高、操作维修技术要求低等优点，国外应用较多，国内工程实践则刚处于起步阶段。

（2）末端人工湿地

人工湿地通过人为干预建设而成，并通过控制其运行参数形成类似于天然沼泽地的新型污水处理系统。

设计建造中通常采用不同植物的搭配，并进行适当的地形塑造，从而形成城市景观与污水处理设施为一体的生态处理设施。其主要工作机理是效仿自然湿地生态系统，综合物理、化学、生物等多重效能实现污染物的去除。通常的结构形式为人工基质、水生植物等。经过一定时间的培养驯化，便会产生适合于污水处理的微生物菌群，并形成生物膜附着于人工基质（通常选用比表面积较高的填料）空隙以及水生植物根部。

污染物随水流流动时，污染物经过人工基质的截流以及生物膜的代谢逐渐去除，氮、磷等污染物还可以通过植物根部的吸收作为植物生长的营养元素，最终以植物收割的方式去除。

LENHART H A 等的研究表明，人工湿地能够削减径流总量和峰值流量可达54%和80%。对总氮、总磷、总悬浮固体的处理效率可达36%、37%、49%。

肖海文等对水平潜流人工湿地和垂直潜流人工湿地组合工艺的处理效果进行了研究，处理典型城市溢流污水时，经过人工湿地系统净化后的有机物、悬浮固体、总氮等溢流污染物浓度降为进水污染物浓度的20%以下。

（3）快速处理设施

将调蓄池收集和截留的雨污经污水处理厂处理后排放。徐文征选用 A/A/O 污水处理工艺，以上海市初期雨水为研究对象，通过活性污泥 2 号模型（ASM2）模拟污水处理厂对雨污的处理，模拟结果表明在雨季、旱季条件下均能有效降低雨污污染物量，对 COD、BOD、SS 去除率均在 80% 以上。广东省竹料污水处理厂采用细格栅、沉砂池、高效沉淀池组合设计 6 万 m^3/d 的雨水处理设施，初期雨水通过格栅和沉砂池进入高效沉淀池，雨水中的悬浮物等在高效沉淀池絮凝区絮凝成较易沉降的颗粒物，随后在沉降区沉降，处理后的雨水水质：$COD \leqslant 120mg/L$，去除率达到 52%；$BOD_5 \leqslant 60mg/L$，去除率为 57%；$SS \leqslant 50mg/L$，去除率为 72%。

4）其他措施

非工程措施是通过国家政策干预、法律法规要求、顶层规划设计以及管理措施强化等措施来提升改善合流制溢流污水的管理水平、降低溢流污染的影响。

（1）完善相关法律法规及标准

完善相关法律法规及标准，因地制宜地出台合流制溢流污水排放管理办法，制定适合当地环境容量和经济状况的排放标准，建立完善的合流制溢流污水排放水质监测体系，研究有利于可持续发展的合流制溢流污水治理规划，将合流制溢流污水排放治理成果纳入各级行政主管部门的考核体系。

（2）强化日常管理

强化日常管理，如增加合流制区域的道路清扫，减少因雨水径流冲刷地表沉积物而带来的面源污染，从源头减少污染物的总量；强化沿线居民、企业、商户的管理力度，严禁向管网中倾倒各类垃圾、未达到纳管标准的高浓度废水、油污等污染物；加强对管网的清淤工作，在雨季来临之前，对合流制管网的雨水口、主支管线进行清淤，减少管道沉积物被冲刷带起的污染物等。

（3）积极探索治理新模式

城市的水环境是一个系统工程，传统的治理以"点"或者"面"来推进，没有从全局的角度、以系统的思维来综合考虑，而是头疼医头、脚疼医脚，投资大且效果不理想。

近年来，"厂网河一体化"综合治理模式逐渐兴起，从"水安全、水环境、水生态、水资源"等方面综合考虑，达到治理溢流污水、完善内涝排水、补充城市再生水等多重目的。

3. 我国合流制溢流污染治理发展趋势

总结国内外对溢流污染治理的现状，国内外溢流污染治理的差异可以归纳为三个方面。第一，城区建设的差异。我国城市排水管网存在建设标准低、基础差、欠账多的问题，地下建设晚于地上，城市建设密度大，管网复杂程度高，难以像美国一样通过大截流与提高末端集中处理能力的方式对溢流污染进行控制；德国和日本的治理方法对我国更具有借鉴意义，建议实施分散调蓄和开发溢流污染处理技术等措施。第二，污染负荷的差异。我国的溢流污染物浓度高，污染组分复杂，难以通过单一技术实现对污染负荷的全面削减。第三，发展阶段的差异。我国尚未建立针对溢流污染治理的相关法律保障体系；亟需对溢流污染中的新型有机物进行识别；同时缺乏对溢流污水不同工艺的协同处理技术的研发。结合以上情况，推测我国合流制溢流污染治理发展趋势如下：

（1）未来将明确溢流污染中各污染物对水体污染的贡献度，形成综合评估框架，为溢流污染治理和效果评估提供支持。精准衡量不同污染物迁移、转化过程中对自然水体的影响程度，尤其是需要加强对溢流污水中新型污染物的检测与识别。

（2）将研发针对溢流污染中多类、多态污染物的协同治理技术手段，使多种溢流污水处理措施串联起来，从而有效去除水体中污染物。未来将采用前端混凝-絮凝-沉淀的方式快速去除悬浮物质和部分营养元素，若水体有机物浓度仍无法达标，可借鉴物理吸附和化学氧化的手段对有机物进行去除。

（3）将研发针对性的溢流污染处理设备和高效药剂，通过对不同工艺和药剂的组合应用实现对污染物的特异性去除。借鉴集装箱的思路，将设备集成化封装在一定规格的箱体内，便于设备的运输和装卸，同时节省占地面积和能耗。

（4）在实现污染快速净化的同时，未来将考虑对溢流污染中的新型污染物进行治理，并采取紫外线、次氯酸钠等手段对水体进行消毒杀菌。

4. 项目案例

1）长春伊通河水环境治理项目调蓄池工程

（1）项目概况

伊通河是长春的"母亲河"，长春市城区河段（新立城水库坝下段至万宝拦河闸）自然长度约 47.137km，中段河道（四化闸至南绕城段）长度约 15.88km，河道平均宽度约 140m，平均水深约为 2.5m，水体总容量约为 630 万 m^3，是城市承泄天然降水和排放工业废水与生活污水的主要通道。

伊通河水体黑臭原因主要有以下五点，一是点源污染，吐口闸不能满足污染控制要求，污水直排入河。二是面源污染，未开展合流溢流污染控制且分流制区域亦存在初期雨水污染。三是内源污染，河道底泥未按照生态标准清淤，底泥内源污染加重污染趋势。四是生态水量过低，水体体积过大，补水量过小，水动力差，换水周期长。五是自净能力丧失，生态系统退化严重，无生态保持及恢复能力。

长春伊通河水环境治理项目共需建设 11 座调蓄池，其数量见图 1.1-2。

编号	调蓄池编号	调蓄池容积（万 m^3）
1号	福山路调蓄池	25.0+1.5
2号	欢乐岛调蓄池	8.00
3号	堤顶西路卫星园调蓄池	1.00
4号	南湖大路调蓄池	1.00
5号	长新路调蓄池	15.5+1.5
6号	荣光路调蓄池	4.00
7号	东荣大路调蓄池	3.00
8号	回忆岛调蓄池	6.00
9号	月亮岛调蓄池	5.00
10号	北海湿地调蓄池	3.00
11号	北十条调蓄池	6.00
	合计	80.5

图 1.1-2　长春伊通河水环境治理项目调蓄池数量

（2）工艺概况

选取 11 座调蓄池中具有代表性的福山路调蓄池进行工艺介绍。福山路调蓄池在建设期间为当时亚洲最大调蓄池。

福山路调蓄池蓄水量 26.5 万 m^3，长 205m、宽 130m、深 19m，占地面积约 3.5 万 m^2。调蓄冲洗采用真空冲洗设施。

调蓄工艺流程见图 1.1-3。

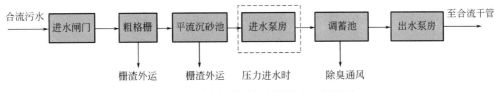

图 1.1-3　福山路调蓄池调蓄工艺流程图

2）深圳市坪山河干流水环境综合整治工程

（1）项目概况

深圳市坪山河干流水环境综合整治工程为全国首个以交接断面水质达标为验收标准的大体量全流域水生态治理工程。项目位于深圳市"东进战略"的主战场——坪山新区，工程估算总投资 10 亿元，治理河道全长为 19.2km，设计防洪标准为百年一遇。主要建设内容包括河道及周边现状的调查和研究，已有工程设计的优化和完善，河道底泥的清淤，水资源的利用与调配、初雨与雨洪的截流、调蓄、处置，污水的深度处理及回用，以及生态湿地系统、河岸绿道系统的完善等内容。

项目按照精准截污、分散调蓄、分布处理、就地回用的总体思路，新增分散式调蓄池、分散式水质净化站，经人工湿地深度处理达地表Ⅳ类水后，就近回补河道，构建截流-调蓄-处理-回用的水质达标体系。项目按照上中下游均衡布置的原则，沿河共设置了 7 座调蓄池，总调蓄规模 22 万 m³，能够有效缓解沿线截污管道输送压力，削减沿线污水处理厂水处理量高峰，对于交接断面水质达标发挥着重要作用。

（2）工艺概况

① 碧岭调蓄池

碧岭调蓄池污水来源为支流碧岭水及三洲田水沿河截污干管（DN1000～DN1200）来水、原有沿河截污管（DN800～DN1000）来水。根据截流标准，最大流量 Q_{max} 为 8.35m³/s，调蓄池设计有效容积 2 万 m³，安全系数 1.3。

碧岭调蓄池位于干流起点右岸，汤坑桥东侧，碧岭水质净化站东北侧。同时，也位于坪山河项目原批复用地范围线内。

该调蓄池工艺流程为：旱季时，各管道内的污水不进入调蓄池，通过泵房直接提升至碧岭水质净化站进行处理。雨季时，左、右岸截污系统的污水及初期雨水在泵站前结合井汇合，进水结合井的水进入格栅后由泵房提升至调蓄池。待调蓄池满或者进水结合井处的 COD 低于 50mg/L 以后关闭进水闸门，同时关闭沿河各截污口限流管处闸门，不再进水。待停雨后，由调蓄池内的小型潜污泵将调蓄池内污水抽排至沿河截污系统，进入下游污水处理厂处理。原则上污水在调蓄池内停留时间不超过 2d。放空以后，通过设置在调蓄池内的智能清洗器将调蓄池冲洗干净，留待下次使用。

通风工艺设计为：调蓄池进水时的气体排放采用在池顶左右两侧各设置一排 φ600 通风管，通风管顶伸入沿河绿道花池内。调蓄池强制通风按每小时换气六次计算换气量为 15 万 m³/h，在池顶设置轴流风机，风机顶与顶面水景衔接。

② 南布调蓄池

污水来源为：坪山河干流左岸，现状沿河截污干管（DN1650）来水；坪山河干流右岸，汤坑调蓄池至南布调蓄池段新建沿河截污干管（DN2000）来水。根据截流标准，最

大流量 $Q_{\max}$ 为 16.16 m^3/s，调蓄池设计有效容积 4 万 m^3，安全系数 1.2。

南布调蓄池位于坪山河中游左岸，南部村以南，毗邻新建的南布净化站。根据功能要求和该片区法定图则，将南布调蓄池选址于规划的悦景路以西约 200m 的规划绿地内，该选址位于河道批复的用地范围线内。为节省用地，南布调蓄池采用地下式，上部为新建的人工湿地。调蓄池呈方形布局，进水池、格栅间、泵池与调蓄池合建，总平面尺寸为 97.8m×101.7m。

工艺流程为：旱季时在坪山河桩号 5+200 附近，左岸现状截污系统、新建截污系统和右岸新建截污系统的污水在南布调蓄池结合井处汇合，然后经旱季格栅截流大尺寸漂浮物，由旱流泵提升至南布污水净化站，提升流量控制为 2 万 m^3/d，若有多余流量，则通过结合井处的现状截污管，溢流输送至下游污水处理厂。雨季时在旱季格栅和旱流泵运行的同时，打开雨季格栅和涝泵。一部分混合污水（2 万 m^3/d）经旱流泵提升入南布污水净化站，剩余混合污水经涝泵提升入调蓄池贮存。待调蓄池满或者进水井处的 COD 低于 50mg/L 以后自动关闭雨季格栅前的进水闸门。待停雨后，调蓄池内的混合污水经潜污泵提升至南布污水净化站处理。原则上污水在调蓄池内停留时间不超过 3d。放空以后，通过设置在调蓄池内的智能清洗器将调蓄池冲洗干净，留待下次使用。

通风工艺设计为：调蓄池进水时的气体排放采用在池顶左右两侧各设置一排 ϕ470 通风管，通风管顶高出上部人工湿地 1m。调蓄池强制通风按每小时换气六次计算换气量为 11.6 万 m^3/h，在池顶左右两侧各设置一排轴流风机，风机顶高出上部人工湿地 131.5m。

1.2　依托工程简介

1.2.1　流域基本情况

黄孝河、机场河是汉口主城区的两条重要河道，流经江岸、江汉、硚口、东西湖区，主要汇集沿线的生活污水，均排入府环河后流入长江。其上游汇水区为汉口老城区，基建密度大，建设时序长，雨污分流管网建设难度大；即使完成雨污主管网改造，无法分流的支管、接户管依然会导致雨污混流，因而治理黄孝河和机场河明渠水环境，是典型的合流制溢流污染控制工程。

黄孝河、机场河为雨源性河流，上游是埋设在城市主干道下的暗涵，晴天排污水，雨天排合流水，暗涵内无任何水生高等动、植物，水体无任何自净容量，且两河为汉口城区仅有的 2 条行洪通道，当上游来水超过截流能力时，为保证上游城区安全，必须开启截流闸，牺牲水环境确保水安全。在保证水安全的前提下，最大程度地减少污染也是合流制溢流污染需要攻克的一道难关。

1.2.2　工程简介

自党的十八大以来，国家高度关注环境保护，从水污染防治、黑臭水体治理、污水提质增效等不同层面出台了一系列重要政策，要求加大力度推进生态文明建设、解决生态环境问题。

武汉市响应党中央的号召,启动黄孝河、机场河水环境综合治理二期PPP项目(图1.2-1),重点针对黄孝河、机场河黑臭的根源,解决河道作为上游高密度建成区行洪河道,造成的雨季返黑问题和合流制溢流污染问题,同时,以"综合治理、系统治理、源头治理"为指针,统筹考虑水环境、水生态、水资源、水安全、水文化和岸线等多方面的有机联系,构建综合治理新体系。

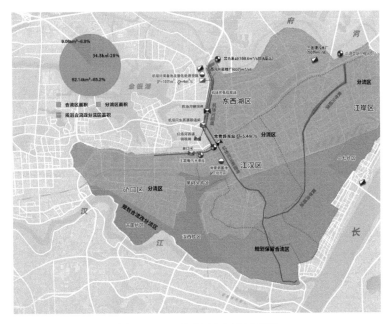

图 1.2-1 两河流域合流区范围

项目以水质达标为核心,以洪涝安全和满足市民不断增长的物质文化需求为基本目标,以截污治污、生态补水、生态修复为保障,综合采取"控源截污、内源治理;活水循环、清水补给;水质净化、生态修复"的系统策略,按源头污染减排、过程污染控制、末端治理的流域系统治理全过程控制。

项目于2022年建成,建立了"治污+防洪+生态+景观"的多维度水环境治理目标。建成后有效改善黄孝河、机场河流域的生态环境,服务汉口片区 130km²,惠及近 200 万居民,大幅削减流入长江的合流制溢流污染,从而对长江武汉段水环境的稳定和提升作出了贡献。

1.2.3 主要建设内容

黄孝河、机场河水环境综合治理二期PPP项目(以下简称黄机项目)以改善黄孝河、机场河流域水环境、消除黑臭、提升水质为核心目标,以合流制溢流污染控制为全局战略,从晴天全截污、雨天控溢流等方面对合流制溢流污染进行治理。已建设内容包括铁路桥地下净水厂(规模 10 万 m³/d,占地 29081.63m²)、黄孝河 CSO 调蓄池(规模 25 万 m³,占地 84784.87m²)及强化处理设施(规模 6m³/s,占地 34583.03m²)、机场河调蓄池及强化处理设施(规模 10 万 m³/s 及 4m³/s,占地 36006.7m²)、常青公园地下调蓄池(规模

10 万 m^3，占地 24199m^2）、黄孝河明渠治理（明渠 5.4km）、机场河明渠治理（明渠 3.8km）、机场河截污箱涵（3.2km）、后湖二期泵站重建、王家墩泵站及配套设施工程（2.5m^3/s，占地 3449.72m^2）、闸门工程以及绿化、水生态、智慧水务等配套 21 个子项工程。其中铁路桥污水处理厂、常青公园地下调蓄工程、黄孝河 CSO 调蓄池以及 6 套闸门工程为全地下式结构；黄孝河 CSO 强化处理设施、机场河强化处理设施、王家墩污水泵站以及生态补水泵站等工程为半地下结构；机场河截污箱涵工程为浅层盾构施工；王家墩管线等为顶管施工。

在整个合流制溢流污染控制工程中，调蓄池以及强化处理设施的建设是最为关键的部分。其中常青公园地下调蓄池，为全地下式调蓄池，规模为 10 万 m^3，主要用于调蓄机场河暗涵合流制溢流污水量，降低机场河溢流频次，减小低位箱涵的建设规模。调蓄池位于常青公园东北角，其北侧为江达路，东侧为常青高架。设计调蓄池长 317.2m，宽 53.7m。

机场河 CSO 调蓄池及强化处理设施位于武汉市东西湖区环湖中路东侧，新澳阳光城小区北侧的临渠的荒地，场地北面为汉西污水处理厂，东面紧临机场河西渠，占地面积 36006.7m^2，主要包括三个部分：预留进水泵站、CSO 调蓄池、CSO 强化处理设施，其中调蓄池规模为 10 万 m^3，CSO 强化处理设施规模为 4m^3/s。CSO 调蓄池采用全地下的布置形式，CSO 强化处理设施采用全地上的布置形式。CSO 调蓄池有效水深 7.0m，分为 2 格；主要单体、建（构）筑物包括进水结合井及粗格栅设备间、CSO 调蓄池、CSO 调蓄池提升泵房及变配电间；本调蓄池进水设计流量 15m^3/s，采用自流方式进入调蓄池。单格设 17 个廊道，单个廊道净宽 5.2m，每个廊道设门式冲洗系统 1 套；另外设置 2 套旋转喷射器，除臭采用离子法除臭工艺。

CSO 强化处理设施设计规模为 4m^3/s，主要功能单体有：进水分配井及仪表间、细格栅及曝气沉砂池、高效沉淀池、精密过滤车间、污泥脱水车间、加药间、厂区污水泵坑、CSO2 管理楼、CSO2 变配电间及机修、仓库、车库。

黄孝河 CSO 调蓄池位于武汉市江岸区，其东南侧为黄孝河排水走廊，西侧为建设大道及地铁三号线，北侧为和谐大道。厂区形式采用全地下式，地面恢复为绿地公园，调蓄规模为 25 万 m^3，厂区内面积 55472.20m^2，有效水深 7.3m，分为 5 格。主要单体、建（构）筑物包括 CSO1 进水结合井及粗格栅设备间、CSO1 调蓄池、CSO 调蓄池提升泵房及变配电间；结构形式为钢筋混凝土框架结构，本工程设计使用年限为 50 年。调蓄池进水最大设计流量 $Q=28m^3/s$，采用自流方式进入调蓄池。除臭采用离子法除臭工艺。

黄孝河 CSO 强化处理设施位于江岸张公堤外后湖泵站三期西侧空地，占地面积 34583.03m^2，设计规模为 6m^3/s，出水水质控制指标 SS≤30mg/L，TP≤1mg/L。主要功能单体有：进水分配井及仪表间、细格栅及曝气沉砂池、高效沉淀池、精密过滤车间、污泥脱水车间、加药间、厂区污水泵坑、CSO2 管理楼、CSO2 变配电间及机修、仓库、车库。CSO 调蓄池与 CSO 强化处理设施通过传输管道进行输送，传输管道采用 DN2000 钢管，长度 1.5km，传输能力规模 6m^3/s。

除此以外，项目还建设了铁路桥地下净化水厂进行污水净化，在分担污水处理任务的同时还保证了经济效益。铁路桥地下净化水厂位于黄孝河箱涵与明渠衔接段，东邻金桥大道，西邻黄孝河，北端至竹叶山加气站，南端直抵京广铁路桥。南北方向长约 430m，东西方向中间宽两端略窄，最宽处约 75m，占地面积为 29082m^2，总建筑面积 24731m^2。铁路桥地下净化水厂污水来自黄孝河箱涵,设计规模 10 万 m^3/d。铁路桥地下净化水厂为全地下污水处理厂,采用膜生物反应器(MBR)工艺,包括 A^2/O 生物处理单元及膜池分离单元。消毒工艺采用紫外线消毒,为避免环保检测取样时出现微生物的复活现象,预留次氯酸钠补氯的投加条件;除臭方式采用填料式生物除臭工艺;污泥处理经过脱水处理达到80％含水率后外运处置。

而保障合流制溢流污染控制的另一重要举措是生态补水工程。项目于机场河末端建设机场河生态补水泵站工程,补水水源为汉西污水处理厂尾水,日补水量达到 20 万 m^3/d,另外新建生态补水泵站(2.3m^3/s),并配套建设生态补水管线 3.6km(图 1.2-2)。

图 1.2-2 CSO 调蓄及强化处理设施群

1.2.4 工程重难点

黄机项目,取得了显著成效。在项目取得巨大成绩的背后,我们也可以发现项目建设过程中出现的重难点问题,对于今后的合流制溢流污染控制工程的建设具有较大的指导意义。

1. 工程重点分析

1)整体化系统化地考虑 CSO 调蓄及强处理

黄孝河、机场河流域上游位于老汉口片区,整体排水管网错综复杂,需要考虑的合流制面积范围较大,如果在流域下游采取分流制控制措施,不仅控制难度较大,而且总体造价成本较高,难以达到预期效果,如果处理不当还会导致大范围的溢流情况发生,因而项目不采取雨污分流方式,而是采取合流制溢流污染调蓄及强处理的方式。

黄机项目的合流制溢流污染控制是一个系统性的工程,在进行污水调蓄及处理的过程中往往会涉及多个子项的联动,包括位于起端闸门的倒坝、竖坝的时机,调蓄池及强化处理设施的开启条件的控制,地下净化水厂对于污水的处理净化能力,泵站的启泵运行等。这一系列的调度过程并非取决于单一子项对于当前液位的简单判断,而是结合整个流域对于雨情雨势整体情况的应对过程,在保证安全的前提下尽可能地降低运行成本,进行全方位系统化的构建,这才是合流制排水系统的重中之重(图 1.2-3)。

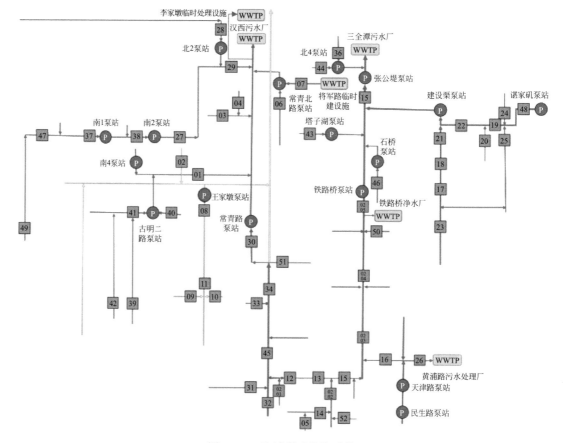

图 1.2-3 流域联动设施系统

2）保障排水系统韧性

汉口片区排水系统的重点在于排水管网的合理布置与水安全的保障，而确保重点得到落实的关键则在于保障排水系统的韧性，简单快捷地管控好大多数降雨带来的污染冲击，才能够真正实现合流制溢流污染的控制。保障排水韧性是对于汉口排水系统的一项重大考验，不仅是对于城市排水体系建设的基础性工作，而且还关系到整个城市排水系统的完善，是整个城市建设的核心要素。

目前来看，对于排水系统的韧性的挑战有很多因素，黄机流域存在的高排区就是其中之一。高排区地势较高，排水期间外水位可能存在高于地面的情况，会导致整个排水系统的效率大打折扣，这就需要对泵站和明渠进行改造，在降低起排水位的同时增加河道断面的流量，高效解决区域系统排水防涝问题。

水质达标问题同样是需要重点关注的事项。合流制溢流污染的最终控制目标就是要完成污染水体的治理，因而在对不同工况下设计与之一一对应的调蓄方案后，也要考虑对排出水进行进一步的处理，黄机项目则在调蓄池的末端新建强化处理设施，做到调蓄与净化一体化，这样可以减少系统的调度压力，同时还取得了巨大的生产效益，真正做到一举两得。

在合流制溢流污染控制的大背景下，项目还以科学合理的环境空间规划提升排水系统的最大承担值，完成防涝与水质任务的双达标。项目在空间布局上尽可能整合和延展绿地的空间，因地制宜地开展断面设计，实现工程与生态的融合。

城镇合流制溢流污染调蓄及处理关键技术为大汉口片区的排水系统韧性提供了更切实有效的保障，实现了每一次城市污水的有效控制，实际解决了城市黑臭水体溢流的问题，为该技术的广泛应用及发展打开了广阔道路。

2. 工程难点分析

1）调蓄池规模确定

黄孝河、机场河所处的汉口地区为长江中游江汉平原东南部的边缘地带，大部分区域属于长江一级阶地，地下水位高，普遍高于污水管网管底标高。受亚热带季风气候的影响，在每年的 4～8 月中有多场暴雨集中出现，平均降雨量较大，这种短时强降雨对于 CSO 调蓄池规模的适用性是一个巨大考验。

黄机项目 CSO 调蓄池规模的确定不仅包含简单的池容设计，而且还有对于整个调度系统处理能力的综合考量，强化处理设施的处理能力也是很重要的一环。目前主要是通过对整个排水系统情况的调查以及最终要达到的调蓄效果等偏向于经验的方式进行确定，但是调蓄池的建设费用高昂，建设投资额动辄几亿元，因此选择合适黄孝河、机场河流域合流制溢流污染治理的 CSO 调蓄池对项目的实施性和经济效益至关重要。

因而对于调蓄池规模的确定，一定要从多方面综合考虑调蓄池规模的适用性，保证调蓄池规模的合理性，做到多位一体，满足精确调蓄的需求。

2）河道物联网搭建

对于完成合流制溢流污染的全盘把控，河道物联网的搭建是其中必不可少的一环。其不仅为水环境监测管理涉及的各个业务环节用户提供数据，而且在技术层面上可以实现最大程度的资源共享，为水环境综合管理决策提供信息依据。

在发生天然或人为突发水污染事故时，人工的监测系统往往不能够及时地进行事故预警以及完成应急响应工作，可能会导致处理突发情况的最佳时机的贻误。而河道物联网则能够基于水质模型进行完整的事故分析，能够在第一时间对污染事故的发展态势做出初步预测与评估，还能对专家会商所提供的应急预案效果进行模拟，为制定各类突发应急事件的应急预案和防控措施提供决策支持信息。

想要成功构建这样一个智慧化的平台，还需要大量的数据作为支撑，以及大范围的基础设施建设工作。最基础的数据部分需要系统通过获取各类在线数据库或手动输入数据，实现水质监测站在线数据与历史数据的查询、分析、评估及预警等功能。系统将地理信息系统的空间图层与水环境监测管理数据有机结合，可以在地图上直观、形象地展示出水质站点和污染源位置和水质情况。在设施智能化方面，系统能够完成遥控启闭水泵、阀门及闸门，遥控终端或中继站通信机切换，复位遥测终端参数和状态命令，清空遥测终端的历史数据单元，修改遥测终端密码等项。

基于河道物联网搭建的系统可扩充性强、业务操作简捷、日常运行维护简便、上传数据及时，数据的分析评价能够做到自动化及可视化，可有助于水环境监测管理更加规范高效。

本章参考文献

［1］李立青，尹澄清.雨、污合流制城区降雨径流污染的迁移转化过程与来源研究［J］.环境科学，2009，30（2）：368-375.

［2］阎轶婧.基于水力模型的合流制溢流调蓄池运行效能评估［J］.净水技术，2020，39（3）：53-58.

［3］陈贻龙.调蓄池削减合流制溢流污染的水力模拟研究［J］.中国给水，2019，35（17）：123-128.

［4］张平，王涛，刘剑.浅谈调蓄池在天津市初期雨水污染治理中的应用［J］.中国市政工程，2017（4）：57-59.

［5］LENHART H A，HUNT W F. Evaluating Four Storm-Water Performance Metrics with a North Carolina Coastal Plain Storm-Water Wetland［J］. Journal of Environmental Engineering，2011，137（2）：155-162.

［6］肖海文，柳登发，张盛莉，等.人工湿地处理雨水径流的设计方法和实例［J］.中国给水排水，2013，29（8）：37-41.

［7］徐文征.城市污水处理厂接纳初期雨水的可行性分析［J］.净水技术，2012，31（4）：13-16.

［8］黄文涛.浅谈广州市竹料污水处理厂扩建工程初雨处理［J］.科技创新与应用，2016（6）：167.

2 工程设计篇

在进行调蓄池及强化处理设施的设计时，除了要考虑常规设施的设计方式以外，还需要针对各个项目不同的实际情况变化，进行关键技术的研究与运用，做到因地制宜才是最为优秀的设计方案。

2.1 调蓄池设计规划关键技术

2.1.1 溢流频次法确定调蓄池规模

1. 溢流频次确定

黄孝河 CSO 调蓄池的规模主要是根据溢流频次来确定的。

首先进行临界降雨确定。根据中国气象局的相关数据，在 1987～2016 年中选取典型年进行排序计算，基于相关工程效益最大化的考虑，确定每年溢流次数控制在 10 次左右。此时，每次降雨需要控制的降雨量为 24～28mm，结合降雨时长与峰值强度，挑选（24.4mm，65min）作为工程规模分析降雨（图 2.1-1）。工程规模初算值确定后，先进行单场复核，根据模拟结果对规模进行调整，直至满足单场复核条件后，进行年模拟复核，若溢流次数超过 10 次，则再次进行调整，直至满足年溢流次数在 10 次左右的要求。

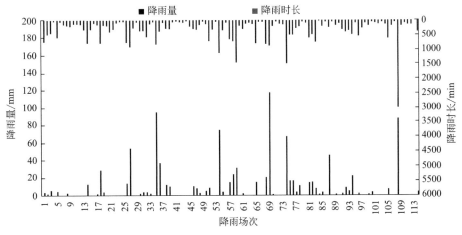

图 2.1-1 代表年降雨场次特征

2. 系统处理水量确定

根据以上降雨变化、上游现状管网与箱涵的竖向条件，模拟雨水在管网与箱涵中的流经时间，基本可知雨水达到箱涵末端的时间约为 1h，峰值来临时间约等于降雨总时长，水位变化曲线的峰值突变基本位于降雨开始后的 3～4h。因此，保守计算需要在 3.5～4h 内收集上游来水量，否则可能会发生溢流。依据此条件计算黄孝河系统需要处理的水量。

从总量上分析，降雨产生的径流量约 35.9 万 m³，上游污水量约 3.8 万 m³，上游施工降水及地下水入渗量约 1.4 万 m³，外来系统汇入约 3 万 m³；根据模型排空管网的模拟，黄孝河系统上游管网调蓄量约 8 万 m³，铁路桥污水泵站抽排量约 4.8 万 m³，铁路桥净化水厂处理量约 1.2 万 m³，截污箱涵容积为 4.5 万 m³；根据计算，需要 CSO 调蓄及处理设施收纳的合流制污水量约 25.6 万 m³，故初步确定调蓄池的规模为 25.6 万 m³。

3. 计算溢流控制规模

系统溢流控制规模可依据现行国家规范《室外排水设计标准》GB 50014—2021 第 4.14 条中关于合流制径流污染控制时雨水调蓄池的有效容积公式来计算。规范推荐的进水时间为 0.5～1h，但是考虑到黄孝河系统范围较大，汇流时间较长，最远点汇集至黄孝河箱涵出口处的时间接近 155min，则按 2.5h 来估算系统溢流控制规模为 194580m³。

$$V = 3600t_i(n - n_0)Q_{dr}\beta$$

式中：V——调蓄池有效容积（m³）；

t_i——调蓄池进水时间（h）；

n——调蓄池建成运行后的截流倍数；

n_0——系统原截流倍数；

Q_{dr}——截流井以前的旱流污水量（m³/s）；

β——安全系数，可取 1.1～1.5。

4. 截流倍数法

除了理论上的计算，还需要因地制宜地进行考虑。依据《武汉市中心城区径流污染控制研究》的结论，当截流倍数 n 取 4 时，其出水水质等同于分流制排放水质，由于地区截污泵站铁桥泵站已完成建设，能抽排晴天污水，截流倍数提升至 4，则仍需外排流量为 9.2m³/s。CSO 调蓄池规模确定为 25 万 m³，则可以截流的时间为 7.5h。

经由多方面的考虑设计，最终确定黄孝河 CSO 调蓄池的规模为 25 万 m³。

2.1.2　调蓄池有效容积分格处理

为了充分发挥调蓄池及调蓄池冲洗设备的最大作用，本项目将调蓄池分隔成多个蓄水室，这样污染物相对集中，有利于清洗。此外，针对不同雨情可调整对整体调蓄池的利用，更有效地利用空间，并降低能耗。黄孝河 CSO 调蓄池分隔详情如图 2.1-2 所示。

当降雨量、降雨时长不小于临界降雨量、降雨时长时，将调蓄池有效容积进行分隔形成多个蓄水室，每个蓄水室之间通过溢流进行连通，能够保证污染物含量较高的水进入前面的蓄水室，污染物含量较低的水进入后面的调蓄池，能够将污染物相对集中在前面的蓄水室中，后面的蓄水室中污染负荷较低，冲洗负荷也随之较低，这样只需强化前面存储污染物较多蓄水室的冲洗，后面蓄水室采用正常冲洗方式就能够保证较好的冲洗效果。这种

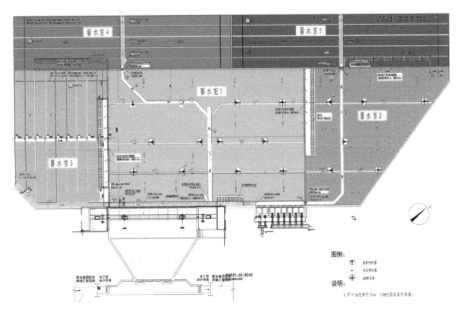

图 2.1-2　黄孝河 CSO 调蓄池分隔详情

设计相当于在池体内部通过分隔设计形成"通过池＋接收池"的形式，使调蓄池的运行管理更为灵活。

当降雨量、降雨时长小于临界降雨量、降雨时长时，调蓄池分隔设计的多个蓄水室逐个启用，既能保证前面蓄水室容积的充分利用，也能保证后面蓄水室避免不必要的开启及维护，为运维提供更大的灵活性及可能性，降低运维成本。同样的，前面蓄水室可以起到预沉净化的作用，污染物集中在前面的蓄水室内，使调蓄池的运维更加简单高效。

2.1.3　多维度冲洗设计

黄机项目新建的 CSO 调蓄池内设备相对较少，主要集中在进水、出水和冲洗环节，其中最为关键的环节是冲洗，需要配备冲洗效果好、自动化程度高的冲洗工艺及设备。

黄孝河 CSO 调蓄池的冲洗方式结合水质、运维、投资等多个维度进行优化设计，确保冲洗效果。冲洗方式的选用与设计充分考虑调蓄池的平面布置及不同冲洗方式的最优应用条件。

配合 CSO 调蓄池的分格，在利用率较高，且储存水污染物含量较高，产生沉积比较多的蓄水室中，使用冲洗效果最有保证的冲洗设备——智能喷射器。喷射器集搅拌和喷射于一体。搅拌功能可避免池内污染物沉淀，大部分污染物在悬浮状态就已被排空泵排出池体，避免待污染物沉淀后再冲刷，从而降低冲洗难度，并提高冲洗效果。喷射器还具备强力冲洗功能，冲刷水柱由水汽混合而成，除了可对地面持续冲洗以外，还可以实现多台设备联动工作，达到"1＋1＞2"的叠加效果。

在后续利用率较低，且储存水污染物含量较低，产生沉积比较少的蓄水室中，使用较为安全可靠的冲洗设备——门式冲洗（图 2.1-3）。门式冲洗装置的冲洗力非常强大，对厚达 0.4m 的积泥一次冲洗即实现了清除，这是传统冲洗方式所无法做到的。门式冲洗方式无需电力或机械驱动，无需外部供水，控制系统简单；单个冲洗波的冲洗距离长；调节灵活，手动、电动均可控制，即使在部分充水情况下，也可通过手动控制进行冲洗；运行成本低、使用效率高。智能喷射器冲洗系统现场照片如图 2.1-4 所示。

图 2.1-3 调蓄池门式冲洗设备

图 2.1-4 智能喷射器冲洗系统现场照片

2.1.4 超越调蓄池通道

黄机项目进行了超越调蓄池通道的特别设计，为运行工况提供更多优化可能性。为践行本工程的实施目的，最大程度保护黄孝河、府河水生态环境；提高黄孝河 CSO 系统运行调度的灵活性及可操作性，设置超越调蓄池通道。用于当 CSO 污水量不大于强化处理设施规模 $6m^3/s$ 时，来水全部通过超越通道经提升泵房提升至处理设施进行处理，调蓄池中水位不上涨（不进水）；当 CSO 污水量大于强化处理设施规模 $6m^3/s$ 时，则需要调蓄池进行调蓄，调蓄池内水位开始上涨（进水）。

超越调蓄池通道的特别设计使得在小雨时可以充分发挥调蓄池之后强化处理设施的在线处理作用，启动超越调蓄池的运行模式，大量减少调蓄池的维护工作。

2.2 污水强化处理设计关键技术

2.2.1 污泥回流絮凝工艺

黄机项目 CSO 污泥与传统污泥不同,其产量大、有机物含量高,且含水率较高,有时能够达到 95% 以上,其中含有大量病菌和有毒有害物质,如果处理不当即进行排放,会导致河道水体的富营养化以及生态环境的破坏,因而污泥处理需要有一套严格的处理工艺。

除了一般性的污泥处理工艺,黄机项目还采用回流污泥作为絮凝核心对絮凝过程进行强化的一级强化处理工艺——高效沉淀池作为主体核心工艺(图 2.2-1)。

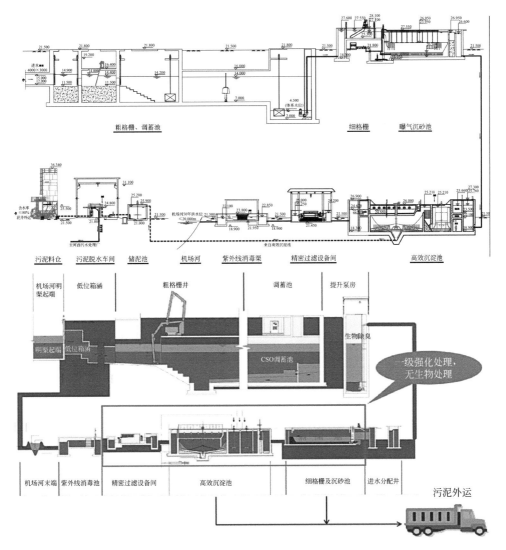

图 2.2-1 污水、污泥处理工艺流程图

高效沉淀池具有优化的絮凝机制、带有斜管的澄清浓缩池、污泥循环澄清三个核心优势，可以实现产水量高，污泥浓缩同步完成，外排污泥浓度高（20～40g/L），直接进行脱水，节省了污泥后续处理的投资及运行费用。此外污泥的回流促进了反应池中的混凝和絮凝反应，且回流污泥中会含有一些药剂成分，回流至絮凝区后，延长了泥渣和水的絮凝接触时间，使其可以再次得到利用，进一步减少药剂的投加，可比常规混凝沉淀工艺节省药剂 10%～20%。

2.2.2 离子氧化除臭工艺

在强化处理设施的日常生产中，污水流经进水分配井、细格栅及曝气沉砂池、高效沉淀池、储泥池及污泥脱水车间时会产生大量的臭气，影响正常的工作环境，而且还可能会对人体造成伤害。项目的强化处理设施需要配合整个合流制溢流污染调度工作进行间歇性的开启和关闭，因而选择采用离子氧化净化装置除臭工艺完成设施除臭任务。

离子氧化净化装置利用高频高压静电的特殊脉冲放电方式，产生高密度的高能离子，迅速与污染物分子碰撞，激活有机分子，并直接将其破坏；或者高能离子激活空气中的氧分子产生二次活性氧，与有机分子发生一系列链式反应，并利用自身反应产生的能量维系氧化反应，进一步氧化有机物质，生成二氧化碳和水以及其他小分子，而且可以在极短的时间内达到很高的处理效率。离子氧化净化装置对有机废气中的苯的去除率 99%、氨的去除率 99%、甲醛的去除率 99%。恶臭组分经过净化设备处理后，将转变为 NO_x、SO_3、H_2O 等小分子。

相较于生物法、液体吸收法等一般的除臭方法，黄机项目采用的离子法具有处理效果好、启动速度快、相对稳定、运行费用低等优点，如图 2.2-2 所示，根据现场条件及调蓄池除臭系统间歇使用的特点，除臭装置的布置不影响总体布局，能够最好地适用于强化处理设施的运行。

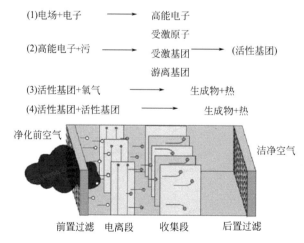

图 2.2-2 离子氧化净化除臭原理图

2.2.3 构筑物全地下式布局

一个环境友好的处理厂，应能使厂区环境与周边环境完全协调，在有利于处理厂运行管理的基础上，合理利用处理设施的上部空间，达到土地资源节约的目的。黄机项目不仅整套工艺设计有独特新颖之处，其厂区建筑设计也是别出心裁。

从上部空间可利用性及景观效果、人员进出、设备吊装、对周围环境影响、对操作人员的影响、生产区和景观区管理交通、工程投资、运行费用等多个方面进行了对比分析，黄孝河 CSO 强化处理设施采用双层加盖的构筑物全地下式布局方式，污水处理构筑物上部加双层盖，整体位于地下，上部种植绿化。池体全部覆盖土，生产活动均位于密封的地下。除综合管理用房外，所有污水、污泥处理构（建）筑物及附属生产建筑物均位于地下箱体内，箱体顶部为景观绿化、必要的人员疏散出口及气体排放设施。

采用双层加盖的构筑物全地下式布局方式（图 2.2-3），臭气的密闭性好，对周围环境影响小。生产区和景观区交通交叉较少，管理较方便。有地面大范围的景观绿化资源，整体感观不同于传统的污水处理厂，给人以置身植物园的感觉。

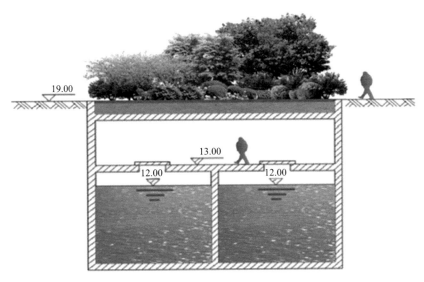

图 2.2-3 构筑物全地下式双层加盖形式

3 施工建造篇

3.1 地基处理关键施工技术

3.1.1 概况

黄机项目拟建场地地层多为填土层、一般黏性土、淤泥质土、老黏土、砂土层。根据场地岩土工程条件并结合拟建建（构）筑物性质及邻近场地建筑施工经验，城镇合流制溢流污染调蓄及处理设施地基处理方式可选择钻孔灌注桩、预制管桩基础，同时桩基础兼作抗浮桩。根据地质条件并辅以高压旋喷桩、三轴搅拌桩等进行基底加固，在充分发挥桩基承载力、提高地基承载力、满足建（构）筑物抗浮要求的同时实现工程效益最大化。

在深入总结黄机项目设计、施工经验的基础上，本书选择钻孔灌注桩后注浆技术、预制管桩施工技术等几种典型地基处理技术，以作为城镇合流制溢流污染调蓄及处理设施工程地基处理关键施工技术的参考。

（1）钻孔灌注桩后注浆技术

钻孔灌注桩在桩基工程中具有施工工艺成熟、桩径和桩长灵活、穿透能力强、单桩承载力大及地层适应性强等特点，其承载力的发挥取决于桩侧摩阻力及桩端端承力。桩侧摩阻力的大小主要取决于土层性质和桩周表面积，端承力的极限值主要取决于持力层的土的物理力学性质，以及桩体嵌入持力层的深度。但施工质量的高低，尤其是能否有效控制孔底沉渣或虚土对端承力的发挥具有决定影响。钻孔灌注桩施工时多采用泥浆护壁，护壁泥皮过厚时，会大大削弱桩侧阻力。在工程实际应用中，通常采用增大桩径、桩长来弥补这些缺陷和不足，从而使工程造价提高，施工难度增大，而且质量难以保证。而钻孔灌注桩后注浆技术则具有缩短桩长、减小桩径、提高桩基承载力、加快施工进度和降低工程造价的优点。

（2）桩基复合地基施工技术

预制混凝土管桩是一种细长的空心等截面预应力混凝土构件，主要由圆筒形桩身、端头板和钢套箍等组成。管桩适用于要求单桩竖向极限承载力标准值在 2400～5600kN 的建筑、埋深 15～30m 有较厚强风化岩层作持力层或淤泥软土较厚的地基及近海建筑等。因静压管桩施工工艺具有噪声小、振动小、造价低、施工速度快的特点，近年来 PHC 管桩复合地基在工程地基处理中得到了广泛应用。

此外，将预制管桩与水泥土搅拌桩组合形成劲性复合桩，即在水泥土桩成桩后，再压入混凝土芯桩，形成一种混凝土芯桩与水泥土桩共同工作、承受荷载的新桩型。劲性复合桩同时具备水泥土桩及混凝土桩的优点，即可提高地基承载力，减小变形系数且有效控制沉降，既能提高性价比，又能满足设计要求，是一种较为理想的新型基础形式。

3.1.2　桩基后注浆施工技术

桩基后注浆技术是指灌注桩成桩后一定时间，通过随钢筋笼安装预设在桩身内的注浆导管及与之相连的桩端、桩侧注浆阀注入水泥浆，使桩端、桩侧土体（包括沉渣和泥皮）经硬化、加固形成土砂石结合体，改善土层的物理性能，加固桩周土层，能够显著提高桩基承载力。

黄机项目中常青 CSO、机场河 CSO 及黄孝河 CSO 三大调蓄池地基处理均采用钻孔灌注桩后注浆施工技术，根据选址场地地质条件的不同，三大调蓄池钻孔灌注桩分别以强风化泥岩、粉质黏土和粉细砂层作为桩端持力层，后注浆施工完成后经数值模拟、静荷载试验及工程后续监测，结果均表明桩基沉降减小 30%，承载力提高 40% 以上，地基处理效果良好。

1. 后注浆提高桩基竖向承载力的作用机理

1) 桩端注浆提高桩基承载力的作用机理

桩端注浆提高桩基承载力的原因不是单一的，而是诸多方面共同作用的结果。

（1）固化桩底沉渣，提高桩端持力层承载力

桩端注入浆液后，该浆液与桩端沉渣混合固化，凝结成为化学性能稳定、强度高的结石体，相当于减少沉渣厚度。同时，浆液会沿着桩端持力层的孔隙渗透和扩散，使桩端土层强度提高，从而提高桩端承载力。对于不同的桩端土层性质，桩端注浆加固的作用机理并不完全相同。对于细粒土进行桩端注浆时，注浆的作用主要是对桩底沉渣进行填充加固，浆液渗入率低，主要是实现劈裂注浆。浆液沿裂隙或孔隙进入土层中，使单一介质土体被网状结石分割成复合土体，提高桩端土体密度并能有效传递和分担荷载，从而提高桩端阻力。

（2）改善桩-土界面特征

在桩端注浆过程中，随着注浆量和注浆压力的提高，在桩端以上一定高度内会有浆液沿着桩侧泥皮向上渗出，加固泥皮、充填桩身与桩周土体的间隙并渗入桩周土层一定宽度范围内，浆液固结后调动起更大范围内的桩周土体参与桩的承载力，改善桩土接触面的条件。有研究表明，在优化注浆工艺参数的前提下，可使单桩竖向承载力提高40% 以上。

（3）减少桩基沉降变形

在注浆压力作用下，桩端土层得到挤压密实，使桩端压缩变形部分在施工期内提前完成，减少以后使用期的压缩沉降，后注浆施工技术可使桩基沉降减小 30% 左右，如图 3.1-1 所示。

2) 桩侧注浆提高桩基承载力的原理

桩侧注浆可提高桩与土之间的表面摩擦力，桩基承载力作用机理是利用压力将水泥浆

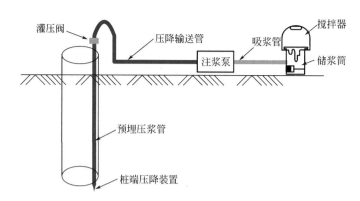

图 3.1-1　桩端后注浆加固示意图

液注入桩侧，水泥浆液会充填桩身与桩周土体间的间隙，并减小泥皮的影响，使桩身与桩周土的胶结力得到提高，从而提高桩侧阻力；在高压下，水泥浆液通过渗透、劈裂、挤密作用使桩周土体和水泥浆液形成结石体，提高桩周土体强度，并进一步提高桩侧阻力。

2. 后注浆施工要点

1) 施工工艺流程，如图 3.1-2 所示。

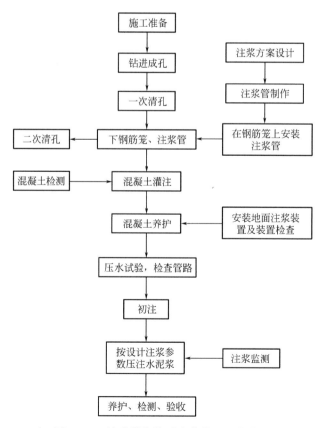

图 3.1-2　钻孔灌注桩后注浆施工工艺流程

2）后注浆操作方法

（1）后注浆前期准备工作

注浆管制作：注浆管采用钢管，为保证注浆管连接强度，直径不小于 35mm，内径不小于 3.5mm，采用丝扣连接。

注浆管布设、安装：在下钢筋笼前，将设计的桩底注浆管置于钢筋笼外侧，均匀分布与钢筋主筋平行，并用 10～12 号的铁丝每隔 2～3m 与钢筋笼主筋牢固地绑扎在一起，要求桩底注浆花管伸至桩底土层中 40～50cm。上端出露地表约 0.3m，并且固定于孔口，做好标记。管路连接时螺丝处缠止水胶带，并牢固拧紧，每下完一节注浆管，必须在管内注清水检查管路的密封性能。

注浆前压水试验：注浆前压水试验不仅能够检查设备及系统的密封性和完好率、确定注浆初压及确定注浆起始浓度和注浆配合比，还有疏通注浆管道、将沉渣及泥层中的细粒部分压至加固范围内的作用。

（2）后注浆施工

水泥浆搅拌：桩端注浆水泥量不小于 3t，在搅拌水泥浆前按搅拌桶的体积计算水泥浆配比所需要的水量，并做好标记。为确保压浆管不被堵塞，后压浆水胶比宜为 0.8～1.0。

水泥过滤：在水泥搅拌好后，放入过滤网进行过滤，防止有水泥颗粒进入注浆管路中，造成压力过高或管路堵塞。

注浆管路系统连接：注浆管用三通与注浆导管进行连接。接口处一定要连接严密，以保证注浆压力的准确性。

注浆施工：注浆压力控制范围 1.2～4MPa，注浆流量不宜超过 75L/min。开始注浆时，注浆压力会偏高，观察压力表和浆液的注入情况，并做好记录。如果出现压力偏高、不足或桩侧溢浆，应根据规范采取措施。当达到注浆量时，应该停止注浆，关闭三通下阀门打开上阀门（保证水泥浆不会从注浆导管中溢出）。对于注浆量未达到预定要求的桩，采取从临桩进行加大压浆量的措施处理，灌浆控制标准为注浆总量和压力值均达到设计要求或单桩注浆量达到 75%。

终止注浆：当满足下列条件之一时，可终止注浆：①注浆总量和注浆压力均达到设计要求；②注浆总量已达到设计值 75%，且注浆压力达到设计要求。如果出现注浆压力时间低于正常值或者地面出现冒浆或周围孔串浆，应更改为间歇注浆，间歇时间为 30～60min，或调低浆液水胶比。注浆结束时，做好记录，用清水将压浆管冲洗干净并放好。

3）后注浆施工质量控制

（1）注浆管采用丝扣连接，孔口安装时用管箍连接注浆管，并在孔口连接时在注浆管上口全部满焊，经质检人员检查确认无误后，方可进入下一道程序。

（2）注浆管与钢筋笼固定采用 12 号铁丝绑扎，桩端注浆导管绑扎于加劲箍外侧，与钢筋笼主筋靠紧绑扎固定，每道加劲箍外设绑扎点，纵筋底部应齐平。

（3）空孔段注浆导管焊接应牢靠密闭。

（4）钢筋笼入孔沉放过程中不宜反复向下冲撞和扭动，下部注浆导管应沉放到底，严禁悬吊。

（5）注浆必须连续进行，如果因故中断应立即处理，尽快恢复注浆，以保证注浆质量。

（6）注浆时要做好注浆压力、注浆量、注浆时间及其异常情况的记录工作，发现问题及时处理。

（7）注浆时按设计要求控制好注浆量和注浆压力，并综合考虑两者的关系以确定结束注浆的依据。

3.1.3　桩基复合地基施工技术

黄机项目机场河 CSO 强化处理设施子项、黄孝河 CSO 强化处理设施子项污泥脱水车间、曝气沉砂池等单体建（构）筑物地基处理采用静压管桩或劲性复核桩，根据地质勘察报告建议，桩基选择粉质黏土（夹粉土粉砂）、粉细砂作为持力层。试桩报告计算结果显示单桩承载力、复合地基承载力均满足建（构）筑物荷载要求。同时经设计比选和商务测算，相较于钻孔灌注桩、抗浮锚杆等地基处理方式，该技术施工速度显著加快，工程造价大大降低，性价比十分明显。

1. 复合地基作用机理

不论何种复合地基形式，都具备以下一种或多种作用：

1）桩体作用

由于复合地基中桩体的刚度较周围土体大，在刚性基础下等量变形时，地基中应力将按材料模量进行分布。因此，桩体产生应力集中现象，大部分荷载由桩体承担，桩间土应力相应减小，使得复合地基承载力较原地基提高，沉降量减少。

2）垫层作用

桩与桩间土复合形成的复合地基（或称复合层）由于其性能优于原天然地基，可起到类似垫层的换土、均匀地基应力和增大应力扩散角等作用。在桩体没有贯穿整个软土层的地基中，垫层作用尤其明显。

3）加速固结作用

除碎石桩、砂桩具有良好的透水特性，可加速地基的固结外，水泥土类和混凝土类桩在某种程度上也可起到加速地基固结作用。

4）挤密作用

在桩基施工过程中由于振动、挤压、排土等原因，可对桩间土起到一定的密实作用。另外，石灰桩、粉体喷射搅拌桩中的生石灰、水泥粉具有吸水、放热和膨胀作用，对桩间土也有一定的挤密效果。

5）加筋作用

复合地基除了可提高地基的承载力和整体刚度外，还可用来提高土体的抗剪强度，增加土坡的抗滑能力。目前在国内，深层搅拌桩、粉体喷搅桩和砂桩等已被广泛用于高速公路等路基或路堤的加固，这都是利用了复合地基中桩体的加筋作用。

2. 静压管桩复合地基

1）设计概况

以黄孝河 CSO 强化处理设施为例，污泥脱水车间地基处理局部采用静压管桩，桩型为高强预应力薄壁管桩 PHC600（120）AB，褥垫层、桩帽、桩身和桩间土一起形成复合地基，共同承担上部结构荷载，设计形式如图 3.1-3 所示。

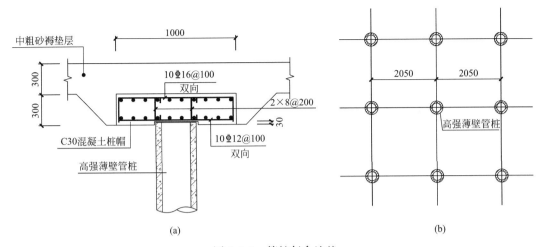

图 3.1-3　管桩复合地基
（a）管桩复合地基设计断面图；（b）管桩复合地基平面布置图

2）桩基承载力特征值计算

场地土层信息及物理参数、桩基设计参数分别如表 3.1-1、表 3.1-2 所示。

场地土层信息及物理参数　　表 3.1-1

序号	地层编号及岩土名称	土层厚度（m）	承载力特征值 f_{ak}（kPa）	压缩模量 E_s（MPa）
1	②黏土	1.5～4	150	8.0
2	③₁淤泥质粉质黏土	5～9	70	3.5
3	③₂粉质黏土	4.5～7.6	120	6.5
4	④粉质黏土	2.6～5	400	15.5
5	④ₐ粉质黏土	4～7.3	190	10.0
6	⑤粉细砂	5.3～9.4	260	24.0
7	⑤ₐ粉质黏土	3.8～5.6	160	6.0
8	⑥中粗砂夹卵砾石	2.6～6.7	340	21.0

桩基设计参数　　表 3.1-2

序号	地层编号及岩土名称	预制管桩		抗拔系数 λ
		桩侧土的摩阻力特征值 q_{sia}（kPa）	桩端土的端阻力特征值 q_{pa}（kPa）	
1	②粉质黏土	26	—	0.75
2	③₁淤泥质粉质黏土	10	—	0.70
3	③₂粉质黏土	22	—	0.73
4	④粉质黏土	32	2000	0.80
5	④ₐ粉质黏土	24	—	0.75
6	⑤粉细砂	33	2000（15m<h≤30m）	0.60
7			2600（h>30m）	

续表

序号	地层编号及岩土名称	预制管桩		抗拔系数 λ
		桩侧土的摩阻力特征值 q_{sia}(kPa)	桩端土的端阻力特征值 q_{pa}(kPa)	
8	⑤ₐ粉质黏土	30	—	0.75
9	⑥中粗砂夹卵砾石	55	—	0.50

桩基试桩采用 PHC600（120）AB 桩，桩长 $L=24\text{m}$，根据《建筑地基处理技术规范》JGJ 79—2012，桩基承载力特征值：

$$R_a = u_p \sum \xi_{si} q_{sia} l_i + \alpha \xi_p q_{pa} A_p$$

式中：R_a——桩基承载力特征值；

u_p——桩身周长，取 $u_p = \pi d$；

q_{sia}、q_{pa}——桩侧第 i 层土的极限摩阻力标准值、极限端阻力特征值，可由当地静载荷试验结果统计分析得到，或根据场地单桥或双桥探头静力触探试验结果，按现行行业标准《建筑桩基技术规范》JGJ 94—2008 取值；

l_i——桩周第 i 层土的厚度；

α——桩端天然土承载力折减系数；

A_p——桩面积。

桩直径 $d=0.6\text{m}$，$u_p = \pi d = 1.885$，$A_p = \pi d^2/4 = 0.282$

则 $R_a = 1.885 \times 1.5 \times (3 \times 26 + 8.4 \times 10 + 6.5 \times 22 + 2 \times 32) + 0.8 \times 2000 \times 0.282 = 1494\text{kN}$

桩基抗拔力特征值：

$$T_{ua} = u_p \sum \lambda \xi_{si} q_{sia} l_i + u^c \sum \lambda_j q_{sja} l_j$$

式中：T_{ua}——桩基抗拔力特征值；

λ——抗拔系数。

$T_{ua} = 1.885 \times 0.8 \times 1.5 \times (3 \times 26 + 8.4 \times 10 + 1 \times 22) = 416\text{kN}$

根据岩土工程勘察报告及设计图纸要求，桩基单桩承载力特征值及抗拔力特征值分别不低于 1200kN、400kN，单桩承载力及抗拔力满足要求。

3）复合地基承载力特征值计算

复合地基桩基试桩采用 PHC700（130）AB 桩，桩长 $L=24\text{m}$，根据《建筑地基处理技术规范》JGJ 79—2012，桩基承载力特征值：

$$R_a = u_p \sum \xi_{si} q_{sia} l_i + \alpha \xi_p q_{pa} A_p$$

桩直径 $d=0.7$，$u_p = \pi d = 2.199$，$A_p = \pi d^2/4 = 0.385$

则 $R_a = 2.199 \times 1.5 \times (5.4 \times 26 + 7.7 \times 10 + 2.8 \times 22 + 1 \times 32) + 0.8 \times 2000 \times 0.385 = 1641.83\text{kN}$

预制桩按照正方形布桩间距计算，$s=3$，$d_e = 1.13s = 3.390$

预制桩直径 $d=0.7$，$A_p = \pi d^2/4 = 0.385$

面积置换率 $m = d^2/d_e^2 = 0.043$，d_e 为一根桩分担的处理地基面积的等效圆直径。

单桩承载力发挥系数，$\lambda=0.8$

单桩竖向承载力特征值，取 $R_a=1600\text{kN}$

桩间土承载力发挥系数，$\beta=1.0$

处理后桩间承载力特征值取地基承载力，$f_{sk}=70\text{kPa}$

则复合地基承载力特征值为：

$$f_{spk}=\lambda m \frac{R_a}{A_p}+\beta(1-m)f_{sk}$$

式中：f_{spk}——复合地基承载力特征值；

λ——单桩承载力发挥系数，可按地区经验取值；

m——面积置换率，$m=d^2/d_e^2$；

β——桩间土承载力折减系数，可按地区经验取值；

f_{sk}——桩间土加固后承载力特征值，宜按当地经验取值，如无经验时可取天然地基承载力特征值。

则 $f_{spk}=0.043\times1600+1\times(1-0.043)\times70=135.8\text{kPa}$

根据设计图纸中建筑物荷载要求，复合地基承载力特征值不小于 120kPa，地基处理满足要求。

4）静压管桩施工要点

（1）施工工艺流程，如图 3.1-4 所示。

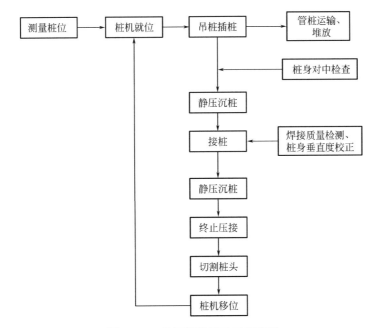

图 3.1-4 静压管桩施工工艺流程

（2）静压管桩操作方法

起吊管桩：先准备好吊装用的钢丝绳及索具，用索具捆住桩身上部约 50cm 处，启动机器起吊管桩，门架在桩顶扣好桩帽后卸去索具。桩帽与桩周边应有 5～10mm 的间隙，桩帽与桩顶之间应有相适应的衬垫，一般采用硬木板，其厚度为 10cm 左右。

稳桩与压桩：当桩尖插入桩位，扣好桩帽后，微微启动压桩油缸，当桩入土至 50cm 时，再次校正桩的垂直度和平台的水平度，保证桩的纵横双向垂直偏差不得超过 0.5%，再启动压桩油缸，施压速度一般不宜超过 2m/min。

建筑面积较大，桩数较多时，可将基桩分为数段，压桩在各段范围内分别进行。压桩应连续进行，同一根桩的中间间歇时间不宜超过 0.5h。压桩施工时，应由专人或开启自动记录设备做好施工记录，开始压桩时应记录桩每沉下 1m 油压表压力值，当下沉至设计标高或两倍于设计荷载时，应记录最后三次稳压时的贯入度。

接桩：接桩采用钢端板焊接法，桩段顶端距地面 1m 左右可接桩，接桩前先将下段桩顶清洗干净，加上定位板，然后把上段桩吊放在下段桩端板上，依靠定位板将上下桩段接直，接头处如有空隙，应采用楔形铁片全部填实焊牢，拼接处坡口槽电焊应分层对称进行，焊接时应采取措施减小焊接变形，焊缝应连续饱满（满足三级焊缝要求），焊后清除焊渣，检查焊缝饱满程度。

送桩：按设计要求送桩时，"送桩（工具）"的中心线应与桩身吻合一致方能送桩。若桩顶不平，可用麻袋或厚纸垫平。送桩深度一般不宜超过 2m，送桩留下的桩孔应立即回填密实。

稳压：当压桩力已达到两倍设计荷载或桩端已到达持力层时，应随即进行稳压。当桩长小于 15m 或黏性土为持力层时，宜取略大于 2 倍设计荷载作为最后稳压力，并稳压不少于 5 次，每次 1min；当桩长大于 15m 或密实砂土为持力层时，宜取 2 倍设计荷载作为最后稳压力，并稳压不少于 3 次，每次 1min，测定最后各次稳压时的贯入度。

截桩：管桩一般不宜截桩，如遇特殊情况确需截桩时，可采用混凝土切割器、液压紧箍式切断机、液压千斤顶式截桩器、钢锯、风镐等器具。

检查验收：压桩符合设计要求后，填好施工记录，如发现桩位与要求相差较大时，应会同有关单位研究处理，然后采用移桩机将其移到新桩位。

3. 劲性复合桩复合地基

劲性复合桩作为一种复合载体，通过水泥土搅拌桩与预应力管桩相结合来扩大桩体摩擦面，从而提高其抗压强度（抗拔强度）。其中水泥土搅拌桩采用水泥作为固化剂，掺入粉煤灰等外加剂，将软土和水泥搅拌形成水泥土搅拌桩后，再插入预应力管桩，水泥土硬化后紧紧包裹住预制桩体，形成强度更高的新型桩体。

劲性复合桩适用于处理正常固结的淤泥与淤泥质土、粉土、饱和黄土、素填土、黏性土等软弱地基，其优点是：①能够最大限度地利用原土；②承载力较单纯预应力管桩大幅度提升；③相较灌注桩施工费用大大降低、施工周期大大缩短，施工质量更好把控，质量通病减少，成桩可靠性得到长足提高；④节约材料，使工程材料得到充分应用。劲性复合桩集齐预应力管桩与灌注桩这两种技术性成熟桩型的优点，其承载力可与灌注桩媲美，施工简便性如同预应力管桩，是刚性桩和柔性桩的完美结合，承载性能却比刚性桩更强，得到了业内一致认可。

1）设计概况

以黄孝河 CSO 强化处理设施污泥脱水车间为例，污泥料仓下地基处理设计方式为褥垫层、劲性复合桩及桩间土共同组成复合地基来承受上部荷载（共三座钢结构料仓，单座净重 22t，满泥总重 122t，料仓单柱最大荷载 370kN），设计形式如图 3.1-5 所示。

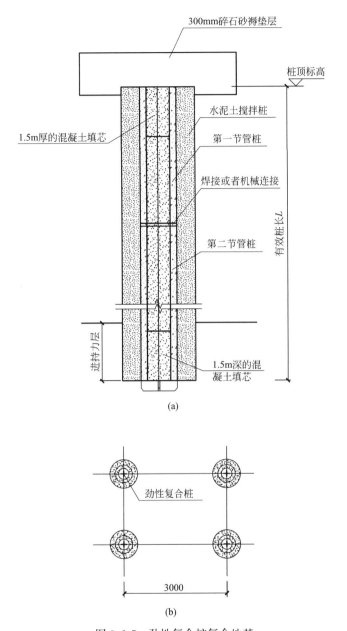

图 3.1-5 劲性复合桩复合地基

（a）劲性复合桩复合地基设计断面图；（b）劲性复合桩复合地基平面布置图

　　褥垫层在复合地基中发挥着十分重要的作用，它可以保证桩、土共同承担荷载，是桩体形成复合地基的重要条件。可以通过改变褥垫厚度，调整桩垂直荷载的分担，通常褥垫越薄，桩承担的荷载占总荷载的百分比越高，土分担的水平荷载占总荷载的百分比越低。褥垫层还可以减少基础底面的应力集中。

　　褥垫层作用机理是当褥垫层受上部基础荷载作用产生变形后以一定的比例将荷载分摊给桩及桩间土，使二者共同受力，形成了一个复合地基的受力整体，共同承担上部传来的荷载。由于桩体的强度和模量比桩间土大，在荷载作用下，桩顶应力比桩间土应力大。桩可将承受的荷载向较深的土层中传递并相应减少桩间土承担的荷载。这样，由于桩的作用使复合地基承载力提升，沉降变形减小，同时提升土体的抗剪强度。

2）劲性复合桩施工要点

（1）施工工艺流程，如图 3.1-6 所示。

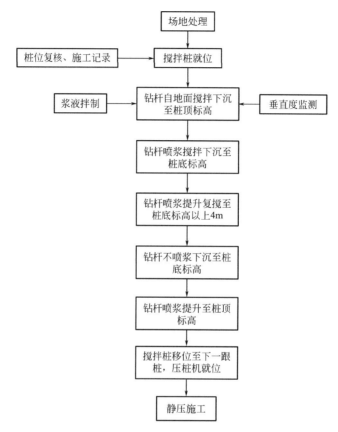

图 3.1-6　劲性复合桩施工工艺流程

（2）施工操作要点

施工场地准备：单轴搅拌机施工前，必须先进行场地平整，清除施工区域的表层硬物，绿化迁改后素土回填夯实，路基承重荷载以能行走重型桩架为准，以确保施工机械的安全。施工作业面地坪予以凿除，障碍物拆除，填埋沟坑，用挖土机平整施工场地，保持千分之一的排水坡度，仓库和搅拌系统以及废弃土堆场均做好硬化地坪。

确定桩位：桩定位前应按单个建（构）筑物设置轴线定位点及水准基点，并应采取措施加以保护，后施工的桩应重新定位。根据提供的坐标基准点，按照待施工的桩号和实际位置现场完成放样定位及高程引测工作，并做好永久及临时标志。

开挖沟槽：根据测量放样的中线进行沟槽开挖，同时清除地下障碍物，开挖的沟槽余土应及时处理，以保证水泥搅拌桩正常施工，并达到文明工地要求。

钻机对孔就位：桩机就位移动前看清四周各方面的情况，发现障碍物应及时清除，桩机移动结束后认真检查定位情况并及时纠正。桩机应平稳、平正，并用经纬仪对龙门立柱垂直定位观测以确保桩机的垂直度。单轴水泥搅拌桩桩位定位后再进行定位复核，偏差值应小于2cm。

成桩施工：采用强度等级不低于42.5级普通硅酸盐水泥（外加剂根据地质条件选用早强剂、缓凝剂、减水剂等添加剂），水泥土搅拌桩水胶比为0.8～1.0，实桩水泥掺量约为20%，空桩水泥掺量约为5%。

钻进施工时为边注浆边充气搅拌，提升时为不充气只注浆，搅拌停浆面应高于桩顶设计标高500mm。单轴水泥搅拌桩在下沉和提升过程中均应注入水泥浆液，同时严格控制下沉和提升速度。根据设计要求和有关技术资料规定，钻机钻进搅拌速度控制在0.5～1m/min，提升搅拌速度在0.6～0.9m/min，最后一次复搅提升速度控制在0.5m/min，避免因提升过快，产生真空负压，导致孔壁塌方。在桩底部分适当持续搅拌注浆，做好每次成桩的原始记录。

压入芯桩：施工过程同静压管桩，本节不再重述。

3）劲性复合桩、静压管桩比较分析

同样以黄孝河CSO强化处理设施为例，污泥脱水车间地基处理局部采用劲性复合桩，其中水泥搅拌桩直径800mm，采用芯桩PHC-500（100）-AB，桩长$L=24$m。下面将从承载力与沉降控制、施工造价及工效、施工质量控制等几个方面与静压管桩进行对比分析。

（1）承载力与沉降控制

静压管桩采用PHC400（60）AB，桩长$L=22$m，单桩抗压承载力极限值1200kN，而劲性复合桩在芯桩桩径增加不大的情况下，单桩抗压承载力极限值达到3000kN，说明劲性复合桩较静压管桩能够承担更大的荷载。自2021年11月25日至2022年11月29日累计进行12次沉降观测，70号点（劲性复合桩处测点）累计沉降值3.13mm，73号点（静压管桩桩处测点）累计沉降值5.59mm，可见两种地基处理方法均取得了良好效果。考虑到70号点位于钢结构料仓处，该点所承受荷载不低于400kN，劲性复合桩复合地基发挥桩基承载力、减小结构沉降方面更胜一筹，二者承载力、沉降对比如表3.1-3所示。

静压管桩与劲性复合桩承载力、沉降对比表　　　　　　表3.1-3

桩型	规格	单桩抗压承载力极限值（kN）	累计沉降观测（mm）	备注
静压管桩	PHC400(60)AB，$L=22$m	1200	5.59	累计监测时间369d
劲性复合桩	水泥搅拌桩直径800，芯桩PHC-500(100)-AB，$L=24$m	3000	3.13	

注：承载力极限值取特征值的2倍。

（2）施工造价及工效

静压管桩（PHC400（60）AB）造价165元/m，劲性复合桩（水泥搅拌桩直径800mm，芯桩PHC-500（100）-AB）造价290元/m，按照现场施工情况，188根管桩采用1台静压桩机施工工期8d，综合工效25根/d；64根劲性复合桩采用1台单轴搅拌桩机和静压桩机施工工期4d，综合工效18根/d。劲性复合桩相较于静压管桩造价更高，但施工方便、具有较高的施工工效，二者对比如表3.1-4所示。

施工造价及工效分析　　　　　　　　　表 3.1-4

桩型	规格	数量（根）	造价（元/m）	总造价（元）	综合工效（根/d）
静压管桩	PHC400(60)AB，$L=22$m	188	165	682440	25
劲性复合桩	水泥搅拌桩直径800，芯桩PHC-500(100)-AB，$L=24$m	64	290	445440	18

（3）施工质量控制

根据土层土体分布情况可知，因桩端持力层上覆盖有厚度较大的软土层，管桩施工时产生的挤土效应可能导致出现地面隆起或挤桩现象，对周围环境影响大，且容易出现桩身倾斜以及因未能打入硬质岩而导致承载力不足，造成材料上的浪费。由于浅部软弱土体的约束力亦有限加之空孔较深，管桩施工时应采取有效措施保证桩身垂直度，防止出现歪桩、断桩。

劲性复合桩是采用水泥搅拌桩（外芯）包裹预应力管桩（内芯）的结构形式，外包的水泥搅拌桩可提供桩身摩阻力，且可保证预应力混凝土管桩的桩身保持竖直不倾斜，桩身摩阻力及竖直的桩身可充分发挥预应力混凝土管桩的承载力，施工质量可控。

4. 小结

黄机项目各子项地基处理工程实践表明，静压管桩及劲性复合桩施工方便快速，能够较好适合武汉地区的地层条件，与褥垫层、桩间土组合成复合地基可以充分发挥桩间土和桩基承载力、减少地基沉降量，同时降低工程投入，具有较高的性价比。

任何一种地基处理方式都不是万能的，要在保证施工质量的同时取得最高的工程效益、获得更大的竞争力，同一片施工场地的地基处理方式也往往不是单一的，而是需要根据荷载要求、地质地层条件变化等选择两种及以上地基处理组合形式。比如黄孝河CSO强化处理设施曝气沉砂池单体，根据地勘报告底板局部坐落于素填土层上，施工时素填土需完全清除至黏土层，设计采用"局部碎石砂换填+劲性复合桩复合地基"处理；污泥脱水车间单体则根据污泥料仓荷载要求，下部基础采用劲性复合桩地基，其余地方采用管桩复合地基。机场河CSO强化处理设施西侧底层上部存在有黑泥，承载力较低导致施工机械无法正常行驶、作业，其地基处理则采用"局部换填+管桩复合地基"等。

3.2　深大基坑施工关键技术

随着城市地下空间拓展的需要，城市的大深基坑的建造项目也越来越多，如何在确保安全的前提下，又能兼顾项目经济性和环保性成为技术人员需要重点思考的问题，在基坑支护施工中对工艺技术方案的比选和优化显得尤为重要。本书重点列举武汉市黄孝河机场河水环境综合治理二期PPP项目中的常青公园地下调蓄池、机场河CSO调蓄及强化处理设施、黄孝河CSO及强化处理设施等几个子项的深大基坑施工关键技术进行阐述。

3.2.1 深大基坑施工概况

1. 基坑支护结构概况

1）常青公园地下调蓄池基坑支护结构概况

该长条形基坑长约317m，宽约54m，基坑面积约17000m²，基坑开挖深度为11.5～14.7m，本基坑采用的支护方案为："排桩＋一道混凝土内支撑，局部采用排桩＋两道混凝土内支撑"，桩间采用高压旋喷桩进行止水，如图3.2-1所示。

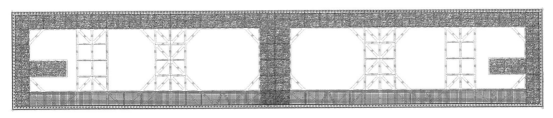

图3.2-1 常青公园地下调蓄池基坑支护结构概况

2）机场河CSO调蓄及强化处理设施基坑支护结构概况

该方形基坑长约177m，宽约123m，基坑开挖面积约22260m²，基坑开挖深度为16.0～21.0m。本基坑采用的支护方案为："普挖段采用上部卸载放坡＋坡面保护，下部钻孔灌注桩＋一道钢筋混凝土内支撑结合被动区裙边加固；局部深挖段采用上部卸载放坡，下部双排桩＋两道钢筋混凝土内支撑结合被动区加固；桩后采用三轴搅拌桩作为悬挂式止水帷幕，坑内采用中深井减压降水。"基坑支护结构概况如图3.2-2所示。

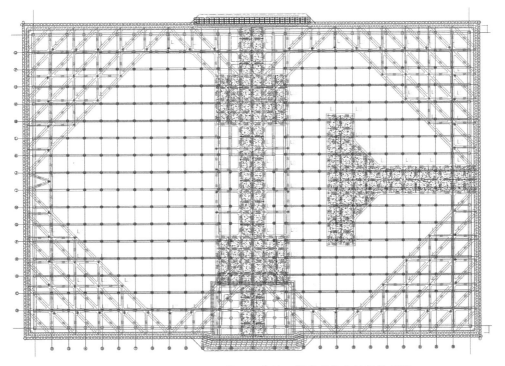

图3.2-2 机场河CSO调蓄及强化处理设施基坑支护结构概况

3）黄孝河 CSO 调蓄及强化处理设施基坑支护结构概况

该子项基坑长约 305m，宽约 204m，基坑开挖面积约 58993m²，基坑周长 1083m，基坑开挖深度为 16.05～21.35m。基坑采用的支护方案为："基坑上部采用放坡卸载＋找面保护；下部采用钻孔灌注桩＋三道钢筋混凝土内支撑（角撑）、双排桩悬臂（局部设 1～2 道预应力锚索）、钻孔灌注桩＋3～4 道预应力链索等支护形式；南侧综合管廊区域采用钻孔灌注桩＋1～2 道钢筋混凝土内支撑（对撑）进行支护；采用 800 厚 CSM 水泥土搅拌墙（部分落底）作为止水帷幕；坑内采用中深井减压降水。"基坑支护结构概况如图 3.2-3 所示。

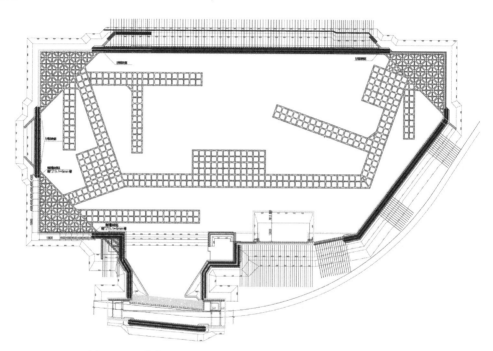

图 3.2-3 黄孝河 CSO 调蓄及强化处理设施基坑支护结构概况

2. 地质及水文条件

项目场地位于长江Ⅱ级阶地，根据埋藏条件，场地地下水分为上层滞水、孔隙承压水及基岩裂隙水。上层滞水赋存于①层填土之中，主要接受大气降水和地表散水垂直入渗的补给。孔隙承压水主要赋存于⑤单元粉细砂层（大部分地段固结较好）及⑥单元细砂层中，水量较大。基岩裂隙水主要赋存于底部⑦单元岩层之中，水量贫乏，对工程影响不大。

3. 基坑施工重难点问题

本工程基坑具有开挖断面大，深度大，周边管线复杂等特点。施工的重点在于针对不同类型的深大基坑选择不同的地基加固方式和围护结构形式。难点主要有：一是由桩基阶段转换至土方开挖阶段时，施工总平面需结合土方外运的场内运输线路和制作支撑结构所用钢筋加工厂及材料堆场位置适时调整，以适应土方开挖和后续主体结构施工的需要。二是开挖深度大，需分层开挖，每层开挖后，桩间喷锚与支撑梁钢连杆施工在暴露基坑中要快速施工，增加了现场的协调力度和施工难度。三是城市基坑作业对环保和文明施工要求高，大方量的土方外运基本只能在夜间进行，整体功效低，需协调多方办理相关手续。

3.2.2 深大基坑支护运用技术

1. 双排桩支护技术

1) 施工原理

双排桩支护是基坑工程中常用的一种支护形式，它是由前排、后排平行的钢筋混凝土桩及桩顶连梁组成的框架式空间结构。双排桩支护结构由于不需要架设内支撑，因此有更大的施工空间，挖土方便，具有更高的侧向抗弯刚度，从而能有效地限制侧向变形。

2) 支护特点

(1) 抗侧刚度与内力分布明显优于单排悬臂桩结构，在同等耗材条件下的桩顶位移明显小于单排悬臂桩，安全可靠性与经济合理性优于单排悬臂桩；

(2) 基坑内不设支撑，省去内支撑设置、拆除与换撑的工序，且不影响土方开挖与地下结构施工，缩短了工期，降低了造价；

(3) 避免了锚拉式结构锚杆设置的难题。

常见的双排桩的平面布置形式为矩形、三角形、T形平面布置方式，如图 3.2-4 所示。

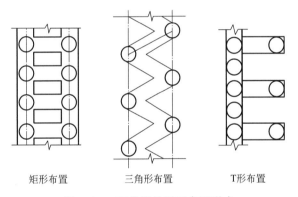

矩形布置　　　　　三角形布置　　　　　T形布置

图 3.2-4　双排桩的平面布置形式

3) 施工要点

(1) 双排桩支护结构主要由前排桩、后排桩、桩顶冠梁及连梁组成，根据地质条件和截水需要，还可增设桩间加固带及截水帷幕。前后排桩可采用灌注桩或预制桩，前后排桩间距宜取 2~5 倍桩径，可采用前后排桩等间距布置，也可采用前排桩密布、后排桩疏布的布桩形式。为了提高前后排桩的整体稳定性，桩顶前后冠梁之间可以压顶板进行连接。对于深度超过 10m 的基坑应对压顶板板厚进行验算和复核，尤其是坑底以下存在软弱土层的基坑。

(2) 支护结构设计时前后排桩桩间距不宜过大，一般不宜＞3m，应重视加强桩顶冠梁及连梁的连接及刚度，以加强支护结构的整体稳定性，改善支护结构内力分布。

(3) 根据前排桩抗压、后排桩抗拔的受力特征，可适当对前排桩加强。可采用前排密桩、后排疏桩的布桩形式，以及前排长桩、后排短桩的布桩形式。

(4) 对于存在软弱下卧层或砂层的基坑工程，可采取增设截水帷幕、桩间土加固及被动区土体加固的措施，对基坑原位土层进行处理。

（5）为了更好地满足较深基坑的支护，可适当降低桩顶冠梁标高，结合上部放坡、设置平台或上部设挡墙等方式对基坑进行支护，如图 3.2-5 所示。

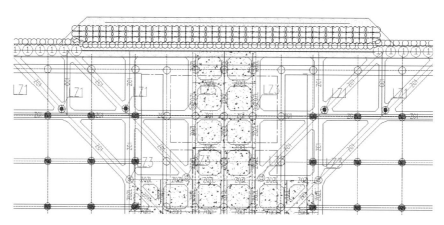

图 3.2-5　双排桩平面布置图

4）实施效果

双排桩支护运用在机场河 CSO 调蓄及强化处理设施子项调蓄池基坑支护中，采用双排桩技术，对基坑周边土体起到稳定加固作用，为后续结构换撑打下基础，最终调蓄池在结构施工完成后，基坑周边仍未发生挤压变形，取得较好支护效果，如图 3.2-6 所示。

图 3.2-6　调蓄池基坑支护实景图

2. 三轴被动区加固技术

1）施工原理

三轴搅拌桩进行地基加固是采用专用三轴搅拌机械在地基深处就地将水泥粉和软黏土强制搅拌，经过一定时间，利用土和水泥水化物间的物理化学作用，形成有一定强度的水泥土固结体，从而提高软土层的承载力，改善土体的压缩特性、剪切特性、透水特性。

2）主要施工优缺点

（1）采用专用三轴搅拌机施工，两轴同向旋转喷浆与土拌和，中轴逆向高压喷气在孔内与水泥土充分翻搅拌和，而且由于中轴高压喷出的气体在土中逆向翻转，使原来已拌和的土体更加均匀，成桩直径更加有效，加固效果更优。

（2）三轴搅拌机械施工效率高，相对单轴或双轴搅拌机械施工工期大大缩短，对于施工工期要求紧的工程，此法施工特别有效。

（3）适用范围广。水泥深层搅拌桩适用于处理正常固结的淤泥与淤泥质土、粉土、饱和黄土、素填土、黏性土、泥炭土、有机质土等地基。同时，水泥深层搅拌桩所形成的水泥土固结体可作为竖向承载的复合地基、基坑工程围护挡墙、被动区加固、防渗帷幕等。

3）施工要点

（1）施工准备

① 材料备料

本标段地基加固采用 P·O42.5 复合型散装水泥，在使用前，应按规定频率对水泥进行抽检，现场应搭设 2 个可储存 60t 水泥的水泥罐，以确保连续生产。

② 机械准备

三轴搅拌桩地基加固主要机械有三轴深层搅拌机、灰浆泵、灰浆搅拌机，储浆罐、电脑流量计等所有计量设备均应通过检测机构标定合格后，方可用于生产。

③ 加固体水泥用量的确定

根据地质报告确定被加固土体的性质，按设计要求水泥掺入比为实桩 20%，空桩 10%～12% 的水泥掺入量，计算出每延米的水泥用量。其常规计算方法为：

$$水泥用量(t)＝加固体体积(m^3)×土的天然密度(t/m^3)×设计水泥掺量$$

三轴搅拌桩每幅所加固的面积为 1.495m²，在设计和施工过程中每副桩在横向和纵向都存在一定的搭接，以在设计上要求桩间搭接 250mm 为例，如果按照每副桩 1.495m² 计算每副桩的水泥用量，在 250mm 搭接处的水泥掺量由于搅拌成桩两次，在每一次成桩都掺入水泥，这样在搭接处的水泥掺量将大于设计水泥掺量，水泥用量就会相应地增加。在实际施工过程中，为了更好地解决该问题同时保证被加固土体的质量，一般做法为首先按照施工图纸计算出被加固体的体积，然后根据加固体的体积计算出加固体总的水泥用量，在 CAD 图上按照比例画出桩位图，并计算出总的加固幅数。然后用总的水泥用量除以总的加固幅数，就是每副桩所需的水泥用量，这样就能够保证地基加固所需总的水泥用量不超过总的设计用量。

（2）工艺试桩

按照设计要求、地质实际情况和机械设备性能进行工艺试验桩。

① 深层搅拌桩施工是搅拌头将水泥浆和软土强制拌和，搅拌次数越多，拌和越均匀，水泥土的强度也越高。但是搅拌次数越多，施工时间也越长，工效也越低。试桩的目的是寻求最佳的搅拌次数、进尺速度，确定不同土层的水泥用量、水胶比、泵送压力及施工工艺等。以指导下一步水泥搅拌桩的大规模施工。

② 试桩不少于 3 根，在成桩 7d 后采取轻便触探法，根据触探击数判断桩身强度，14d 后进行抽芯，观察搅拌和喷浆的均匀程度，判定各种水泥掺量及施工工艺的施工效果。

（3）施工工艺

① 平整场地：清除施工场地上的障碍物及杂物，并将原地面整平，一般整平后地表高程须高出桩顶 50cm 左右，以便施工，并在地基加固范围内标出基坑内的障碍物，包括格构柱等。如遇有池塘及洼地时应抽水和清淤，回填黏性土料并予以压实，不得回填杂填土或生活垃圾。采用挖机开挖工作沟槽，沟槽宽度为 1m，深度 1m。

② 桩机就位：钻机就位应满足图纸要求，垂直度偏差不大于 1.0%（垂球法检测），为确保垂直度控制良好，在钻机四个支座处加设较大面积的钢垫箱，使钻机在钻进中保持平稳，钻进时要经常检查垂直度，如发现偏差则边钻进边调整，对于设计长度较长的水泥搅拌桩，在开始时保持较慢的钻进速度，待机身稳定后再加快钻进速度。桩孔位置与图纸偏差不得大于 50mm。

③ 水泥浆的制备须有充分的时间，要求大于 3min，以保证搅拌均匀性。水泥浆从灰浆拌合机导入储浆罐时，必须通过过滤网，把水泥硬块剔出。浆液进入储浆罐中必须不停地搅拌，以保证浆液不离析。拌制浆液的时间超过 2h 的应作为废浆处理，施工时泵送水泥浆必须连续，水泥浆用量以及泵送水泥浆的时间应有专人记录。

4）施工过程控制

（1）三轴水泥搅拌桩施工过程中，应全过程旁站。所有施工机械均应编号，应将现场技术员、钻机长、现场负责人、水泥搅拌桩桩长、桩距等制成标牌悬挂于钻机明显处，确保人员到位，责任到人。

（2）水泥搅拌桩开钻之前，应用水清洗整个管道，并检验管道中有无堵塞现象，待水排尽后方可下钻。

（3）为保证水泥搅拌桩桩体垂直度满足规范要求，在主机上悬挂一吊锤，通过控制吊锤与钻杆上、下、左、右距离相等来进行垂直度控制。

（4）重点检查每根成型的搅拌桩的水泥用量、水泥浆拌制的稠度、压浆过程中是否有断浆现象、喷浆搅拌提升时间以及复搅次数。

5）质量控制

水泥深层搅拌桩施工完成后，要对其施工质量是否达到设计要求进行质量检测，质量检测要由具有检测资质的机构进行检测，质量检测方法主要有 3 种：

（1）施工完成后 3d 内的 N10 轻便触探试验，主要目的是检验水泥搅拌桩桩身水泥浆液的分布均匀性，轻便触探深度一般不大于 4m，检测频率为施工总桩数的 1.0%，且不少于 3 根。

（2）施工完成 28d 后进行的水泥搅拌桩承载力（静载）试验，可采用复合地基承载力试验和单桩承载力试验。主要目的是检验水泥搅拌桩完成后地基的承载力是否得到提高，检验桩身是否达到设计和规范要求，检验频率为施工总桩数的 0.5%～1.0%，且每项单体工程不应少于 3 根。

6）实施效果

三轴深层水泥土搅拌桩施工方法作为软基处理的方法之一，相比单轴、双轴深层搅拌桩在施工速度、施工质量上具有明显的优势。同时，三轴深层水泥搅拌桩施工质量需要得到各管理层的重视才能得到有效的保证，施工人员也要提高认识和业务水平，重视施工过程质量的控制，才能有效地保证其加固效果，其平面布置如图 3.2-7 所示。

3.2.3 深大基坑开挖综合运用技术

对于基坑深度相对较小且属于长条形的深基坑开挖通常采用设置马道方式进行，如常青公园地下调蓄池工程；对于基坑相对较深且属于矩形的基坑开挖通常采用设置栈桥板的形

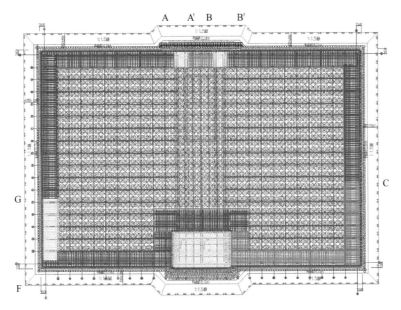

图 3.2-7 三轴搅拌桩地基加固平面布置图

式进行，如机场河 CSO 调蓄及强化处理设施；对于基坑面积特别大且属于不规则形状的基坑开挖，通常采用设置栈桥板和临时便桥相结合的形式，如黄孝河 CSO 调蓄及强化处理设施。

1. 设置马道进行开挖运用技术

1) 施工原理

马道是指深基坑基础开挖过程中的运输道路或平台，通常在马道侧边设置排水沟进行排水，通常马道的宽度在 4m 左右。在狭长基坑内，通过在两侧短边位置设置两条向基坑内的马道，以方便基坑内的土方开挖与运输。

2) 施工要点

（1）长条形基坑在平面施工流向上从中间向两侧进行，优先施工中部，土方可从两侧出土，利用场内环形临时道路出土，便于较早形成作业面，开展流水作业，节约施工工期，如图 3.2-8 所示。

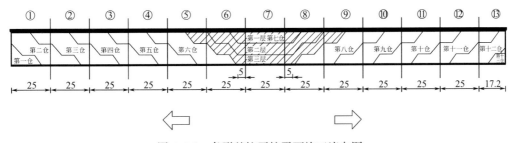

图 3.2-8 条形基坑开挖平面施工流向图

（2）马道采用砖渣进行铺设，层层碾压，以 4~5m 宽度布置，整体坡度按 1∶6~1∶10 控制，在基坑分层开挖的过程中在两侧同步布置。

（3）在马道两侧布置排水系统，马道两侧边坡上设置泄水孔，马道底部设置排水沟和集水井。

（4）在马道的两侧设置金属硬质防护栏杆。

3）施工效果

设置马道进行开挖技术成功运用于常青公园地下调蓄池的土方开挖施工中，狭长形基坑中部仓首先开挖至设计标高，主体结构总体从中间向两侧逐步施工，两侧剩余区段采用抓斗、长臂挖机配合液压反铲的出土方式，最终顺利完成土方开挖施工作业，如图3.2-9所示。

图 3.2-9　设置马道进行开挖施工实景图

2. 设置栈桥进行开挖运用技术

结合基坑与基坑内支撑自身平面和立面特点，考虑城市道路对出土路线的影响，在基坑内部设置与支撑合二为一的栈桥，形成出土岛，有效降低土方装车的高度，提高土方开挖和土方外运的效率，尽快进行支撑体系和底板结构的施工，减少基坑变形和周边环境的变形。

1）施工原理

利用栈桥进行土方开挖，在竖向沿支撑高度分层开挖，在水平方向上，严格遵循"对称、平衡"和"先撑后挖"的原则，采用分段均衡开挖的方法，将基坑整体分为若干块区域。优先施工对撑区域，其他区域两两同时进行开挖，在对撑两侧设置快速出土栈桥平台，运输车辆从地面可下到基坑开挖面进行出土，每块区域开挖均从支撑位置开始，先由小型挖掘机进行支撑下掏挖和倒运，然后进行环撑内土方开挖，以中心岛式进行分步、退台开挖，最后在栈桥位置进行收尾。

2）施工要点

（1）充分利用基坑支撑体系、现场已有的工程桩进行布置，在布置上考虑避开主体结构的中隔墙。

（2）做好前期施工准备工作（如降水井施工等）后进行第一步土方开挖。在场地对应位置设置土坡道用于第一步土方开挖，栈桥与第一、二道支撑同时进行施工，在栈桥施工完毕后充分利用栈桥，使运输车辆可以下至土方开挖面运输，将出土效率大幅提升。

（3）在土方开挖期间，合理组织车辆行驶路线，利用双向通车的坡道栈桥使出土车辆能够下到开挖面直接装土，再由栈桥坡道运出。

（4）由于现场工程桩较多，且较为密集，为减少施工投入，减少临时栈桥支撑桩施工，对栈桥位置进行优化布置，栈桥竖向支撑充分利用现场工程桩，使用格构柱作为栈桥的竖向支撑。随土方开挖的深度不断加大，栈桥格构柱的独立高度也不断加大，在格构柱上沿水平向焊接钢管和角钢，并且与基坑内水平支撑结构上施工时提前预留好的锚板进行焊接，以减少栈桥竖向支撑的自由高度，确保格构柱不失稳。

3）技术指标

（1）坡道栈桥由钢筋混凝土坡道及平台，独立格构柱、支撑格构柱和支撑组成。坡道依托基坑支撑（对撑）设置，且基坑支撑不宜少于3道，各道支撑层间净高大于3.5m。

（2）栈桥坡道宽度不小于9m，栈桥转弯半径不小于8m，坡道坡度比不大于1：8.5。

（3）栈桥转弯处界线1m范围内就宜设置格构柱。

4）实施效果

该技术运用于机场河CSO及强化处理设施工程中，坡道出土栈桥为材料运输、材料堆放、混凝土浇筑提供了便利条件，全程不需使用长臂挖掘机和抓斗机等施工机械，降低了油耗。由于相比传统方式出土效率提高，将工程关键线路的工期直接缩短1~2个月，且直接降低了土方工程的招采成本，形成了较好的经济效益。该方法适用于超深基坑土方开挖，尤其是现场场地狭小，有对撑形式的围护结构且对出土工期有较高要求的土方开挖工程施工，如图3.2-10所示。

图3.2-10 栈桥施工实景图

3. 设置钢便桥进行开挖运用技术

1）施工原理

设置钢便桥工法通常适用于深厚软土地区的超深基坑、土方工作量大且地质复杂、基坑内空间狭小、工期紧的地下工程中。设置钢便桥进行转运的平台结构采用型钢组合连续梁，由桥面22槽钢、桥梁双拼36a工字钢、立柱ϕ529×8mm钢管桩组成，两侧全长均设置防护栏杆，如图3.2-11所示。

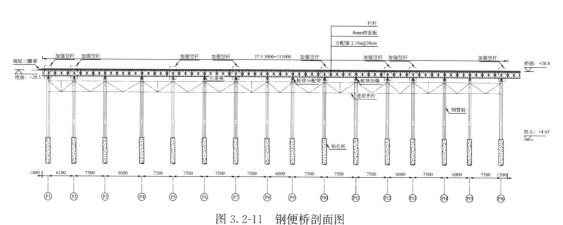

图 3.2-11 钢便桥剖面图

2）主要特点

（1）钢便桥与转运平台为独立承重结构，结构整体性强，施工过程中可与土方开挖同步施工，无交叉施工影响，运输道路不受天气及土方含水量影响，可以节省大量辅助费用；

（2）构件均在现场完成吊装、拼接、焊接。施工速度快、周期短，大大提高了生产效率；

（3）现场安装简单、拆卸方便，所有材料均能回收并重复利用，符合国家绿色施工要求。

3）施工要点

（1）钢便桥方案的设计及复核

与设计院合作进行模拟计算和复核，使结构设计合理、安全、可靠，能满足施工要求。

（2）定位和测量放线

在进行桩位施工前，应认真对照施工图纸建立施工平面测量控制网，确定控制线，实行复核制度。

（3）振动沉桩

沉桩开始时采用自重下沉，待桩身有足够稳定性后，再采用振动下沉，如图 3.2-12 所示。

(a)   (b)

图 3.2-12 钢管桩沉桩施工

（a）振动沉桩施工；（b）钢管桩对接

（4）钢横梁安装

① 钢管桩施工完成后，由测量人员测出钢管桩顶标高，根据坡度要求，割去多余的钢管桩，并在钢管桩上横向切割一个 U 形槽口，槽口用 20mm 厚钢板封口，以便放置双拼 I36a 工字钢主横梁。同一个墩轴的三根钢管桩必须控制在同一条直线上，保证能准确放置通长的双拼 I36a 工字钢。

② 双拼 I36a 工字钢主横梁用吊车吊放到钢管桩 U 形槽内排好并与封口板焊接好后，应及时采用加工好的（厚度为 10mm、宽度 100mm 钢板、长度根据需要定）加劲板，将工字钢主横梁两侧及下口与钢管桩对称焊接好限位，如图 3.2-13 所示。

 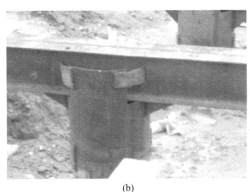

（a）　　　　　　　　　　　　　　　　（b）

图 3.2-13　承重梁施工
（a）双拼横梁安装；（b）钢管桩与横梁限位安装

（5）钢纵梁安装

① 双拼 I36a 工字钢横梁安装好后，将提前加工准备好每跨需要长度的 I36a 工字钢纵梁利用吊车安装在主横梁之上。首跨采用在基坑边上支立吊车吊装，每完成一跨采用在已完成栈桥上支立吊车吊装。

② 纵梁安装按中到中间距 500mm 排放，由于桥面有坡度，横纵梁之间采用三角楔形钢垫板垫平，并焊接牢固，如图 3.2-14 所示。

（a）　　　　　　　　　　　　　　　　（b）

图 3.2-14　钢纵梁安装示意图
（a）钢纵梁安装；（b）桥面槽钢安装

（6）桥面槽钢安装

采用在加工厂进行预加工，将桥面 ⌶22 槽钢切割成需要的长度，再进行吊装。槽钢覆扣在 I45a 工字钢纵梁上，中到中间距按照 250mm 排列。槽钢两条边与纵梁接触处采用焊接连接。

（7）钢平台的架设

钢平台的架设方法同钢便桥，吊车在钢便桥上完成平台第一跨后，利用已完成部分做平台施工下一跨。可在平台上铺设吊车等机械设备行走的临时通道。

（8）栏杆安装

桥面安装完成后，在便桥及平台两侧设置安全护栏，护栏高度为 1.2m，立杆采用 22号槽钢，间距 3m 排列。立杆焊接在桥面槽钢上，水平杆采用二道 10 号槽钢，栏杆涂刷成黄黑相间的条纹漆。

4）实施效果

该技术运用于黄孝河 CSO 及强化处理设施工程中，节约了工期，材料可回收，取得较大的经济效益和社会效益，如图 3.2-15 所示。

图 3.2-15　深基坑支护技术中钢栈桥

3.2.4　变刚度型钢支撑运用技术

随着我国城市建设的发展，对于地下空间的开发利用也越来越多。在对地下空间进行开发利用的过程中，深基坑支护技术的运用极为关键。深基坑内支撑技术的应用不仅要确保边坡的稳定，而且要满足变形控制的要求，以确保基坑周围的建筑物、地下管线、道路等的安全。深基坑内支撑技术需要在基坑侧壁及周围采用支撑、加固等保护措施。目前的基坑支撑系统通常包括绕基坑边缘设置的基坑围护桩、位于基坑围护桩内侧的围檩梁及设置在围檩梁之间的基坑内支撑。这种内支撑体系在深基坑建设完成后需要进行拆除。因此，实现内支撑体系可拆卸式装配以及重复利用成为深基坑支护技术研究的重要方向。

1. 施工原理

变刚度高适应性型钢支撑包括外筒、套接于外筒内的中筒，以及套接于中筒内的内筒，外筒、中筒以及内筒之间可通过滑动机构相对滑动，并通过驱动机构驱动中筒与内筒滑动，外筒、中筒以及内筒之间可通过锁定机构相对固定。通过上述方式，设置可相对滑动的外筒（110）、中筒（120）以及内筒（130），通过三个标准件之间的相对滑动，实现装置的长度调节（A、B节点），便于存储运输，并且设置有驱动机构能够自动驱动标准件滑动，降低了作业人员的劳动强度，如图 3.2-16 所示。

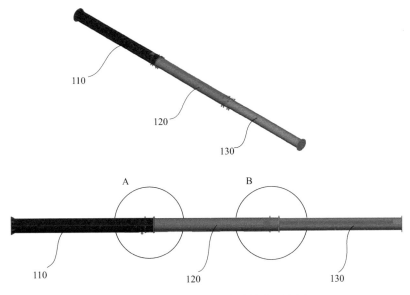

图 3.2-16 变刚度型钢支撑结构示意图

2. 常规施工难点

（1）地下调蓄池深基坑多设置中间格构柱，操作空间更小，支撑架设需分节进行吊装，并在空中拼接，整体施工困难。

（2）支撑架的安拆均为高空作业，且无大型机械配合，施工风险较高，仅能采用人工配合葫芦吊施工，同时，分节吊装拼装将占用支撑作业人员的大部分时间，且人工施工效率低下，影响后续工序施工进度。

（3）组合式内支撑为标准大构件，多由 6m、3m、2m、1m 等标准节组合而成，这些组合式内支撑受城市内运输影响，支撑进场多为夜间，每车运输数量仅 1～2 根。

3. 施工要点

（1）支撑定位放线。基坑开挖至钢支撑底 500mm 位置时，支撑定位测量放线，按照设计要求确定其托架位置，托架安装完成后，在两侧预埋钢板上放出钢支撑的中心位置，并采用十字弹线法准确定位，支撑两端的标高差和水平面偏差不应大于 20mm 及支撑长度的 1/600。

（2）对钢支撑进行吊装及展开。采用汽车式起重机或者龙门式起重机将支撑吊装至盖板附近，使用叉车等水平运输装置将支撑转移至盖板下，然后采用手拉或电动葫芦完成支撑的定位安装，定位完成后，运用外部驱动齿轮体系，贴合支撑上的齿轮条，将支撑伸展至指定长度，利用锁定机构将支撑长度固定，并通过手拉或电动葫芦将钢支撑安装到位。

（3）对钢支撑施加预应力。利用液压千斤顶等装置施加预应力，预应力施加按设计要求进行，并应根据现场围护结构变形、受力监测情况动态调整实施。

（4）在需要对钢支撑进行拆除时，首先卸除预应力，通过驱动齿轮体系将支撑收缩并锁定，利用手拉葫芦将支撑吊至基坑底部，最后采用龙门式起重机或者汽车式起重机吊至地面，进入下一个循环使用，如图 3.2-17 所示。

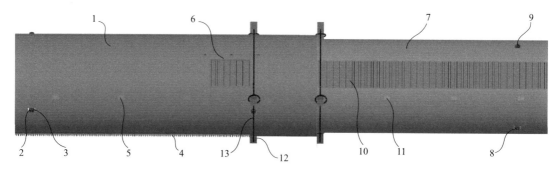

图 3.2-17 钢支撑节点放大示意图

1—中筒；2—第一安装孔；3—第一滑轮轴承；4—第一齿条；5—第二插孔；6—第二穿孔；7—内筒；
8—第二安装孔；9—第二滑轮轴承；10—第二齿条；11—第三插孔；12—插销；13—钢索套

4. 施工效果

变刚度型钢支撑技术运用于地下调蓄池中，变形小，可周转使用。与传统的混凝土支撑相比，型钢支撑系统的整体刚度和稳定性大大提高，结合远程实时监测系统，可有效准确地控制基坑位移，大大降低了基坑的变形。

3.2.5 高流动自密实泡沫混凝土填充技术

城市规划要求不断提高、建筑形式更加复杂，导致大量深基坑、狭窄基坑、多道内支撑的复杂工况基坑增多。建筑基坑的回填由于作业面较小，主体完工后对基坑进行回填时的死角较多，沉降期不足，易因回填不够密实而发生工后沉降，基坑周边的回填质量有待提高。采用高流动自密实泡沫混凝土进行回填，具有较好的流动性，具有无需夯实、碾压的自密实特性，避免充填不饱满、不密实等问题，无填筑死角，如图 3.2-18、图 3.2-19所示。

肥槽

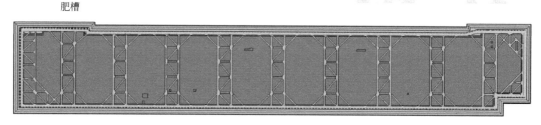

图 3.2-18 基坑平面图

1. 国内外现状

国内对泡沫混凝土的研究大多集中在通过添加硅粉、粉煤灰和纤维等外加物对泡沫混凝土进行改性方面，特别是纤维增强泡沫混凝土的研究。如詹炳根、林兴胜等在泡沫混凝土中加入玻璃纤维使其抗折强度大大提高。张艳锋研究了聚丙烯纤维增强粉煤灰泡沫混凝土的生产工艺。陈兵和刘睽采用掺加微硅粉和聚丙烯纤维的方法制备抗压强度达到 $10\sim50MPa$ 的高强度泡沫混凝土。王立久、姜欢研究稻草纤维对泡沫混凝土的性能影响。

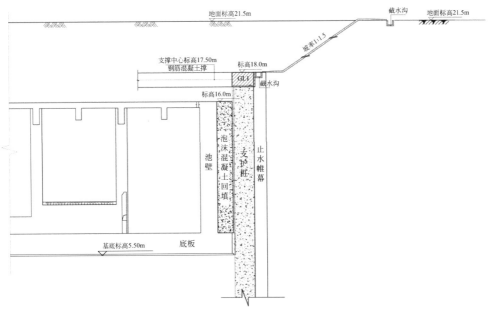

图 3.2-19　肥槽剖面图

目前，国内外对泡沫混凝土的研究工作多数集中在发泡技术、强度性能改善等方面，较少涉及大宗固废的综合利用。在现浇泡沫混凝土制备中大比例掺加粉煤灰、煤矸石、尾矿粉等工业固废，既能大比例减少水泥用量，又能保证产品质量，并有效促进工业废弃物的资源化利用，成了制约当前泡沫混凝土领域技术推广的瓶颈，是当今时代研究的前沿性课题。

2. 施工原理

高流动自密实泡沫混凝土是采用机械方法，将空气引入水泥基胶凝材料浆体中，形成内部含有大量气孔的泡沫混凝土浆料，再将泡沫浆料现浇入作业面，经养护而成的轻质微孔现浇混凝土材料。

高流动自密实泡沫混凝土填充技术，利用现浇泡沫浆料的高流动、自密实、轻质、固化自立等特性，对地下基础设施施工时的狭窄空间进行现浇填充，针对工后不均匀沉降的主要成因，预防及治理地下基础设施工后顶面沉陷病害的发生，如图 3.2-20 所示。

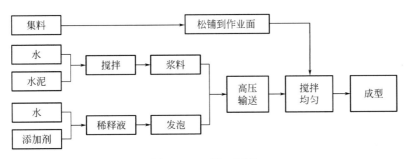

图 3.2-20　施工原理

3. 基坑肥槽回填的难点

（1）回填时，由于作业面受限，无法采用重型机械压实，取土、运土困难，同时人工夯强度不够，很难达到标准压实度，回填效果不理想。

（2）采用素混凝土进行回填，同样造价过高，且回填方量较大，属于大体积混凝土浇筑，收缩性大，对结构安全有不可预知的影响。

4．泡沫混凝土的性能特点

（1）泡沫混凝土的密度小（常用密度为 $300 \sim 1200 kg/m^3$），远远低于传统混凝土，可以有效减小结构自身重量，在对自身重量有要求限制的建（构）构物中具有较大的应用空间。

（2）因为泡沫混凝土具有优良的低弹减震性能，其扩散冲击负荷的功能较强，可以对冲击荷载进行有效的吸收和缓解，对建（构）构物具有较好的保护作用。

（3）泡沫混凝土具有高流动性，在施工过程中泵送距离十分远且无须振捣，可以泵送到许多施工材料及大型机械设备无法到达的部位进行施工。

（4）泡沫混凝土的整体性能良好，其节能效益高的同时也耐老化，保温性能较其他的混凝土材料强，如果在建筑工程中以轻质泡沫混凝土作为原材料，可以产生更高的经济效益。

5．施工要点

1）水泥净浆制备、输送

（1）水泥净浆制备与复合轻骨料混凝土浆发泡制备采用分离设计，水泥净浆制备在搅拌机内进行，搅拌完成后，通过水泥净浆输送管道输送至主机内，再发泡制备复合轻骨料混凝土浆料。

（2）上料机将固定重量的水泥投入搅拌机中。同时，由搅拌机自动控制系统按照设计水胶比进行定量加水。水泥浆搅拌均匀后，由水泥浆输送管道向主机供浆。搅拌的同时，也要观察水泥浆料在输送管内的输送情况，必要时，在搅拌时加入泵送剂。

（3）水泥净浆输送管道采用 $\phi 50$ 规格钢编管，可在合适位置处加装泵送及二次搅拌装置。为便于拆装，水泥浆输送管道采用卡扣活接连接。

2）复合轻骨料混凝土制备

（1）确定配合比：根据设计要求的复合轻骨料混凝土的密度、抗压强度确定水泥浆的配比、泡沫稀释液的配比以及泡沫和水泥浆的混合比例。

（2）水泥浆制备：根据配合比将水泥、水和外加剂放入搅拌机中搅拌成均匀浆体。

（3）泡沫制备：将泡沫剂、添加剂和水按配合比混合成稀释液，将泡沫液和压缩空气在设备发泡系统混合，在压缩空气的作用下，将泡沫液制成细密均匀的泡沫。注意检查泡孔的直径以 $0.5 \sim 1.0 mm$ 为宜，检查泡沫韧性是否符合要求。泡沫质量直接影响复合轻骨料混凝土的填筑质量和后期强度。

（4）浆泡混合：发好的泡沫囊通过发泡系统直接压入水泥浆中，进行混合。复合轻骨料混凝土的制备可通过在复合轻骨料混凝土输送机上设置好各项配合比参数，实现自动化控制。

（5）施工过程中注意观察浇筑后复合轻骨料混凝土的消泡坍落情况，必要时加入稳泡剂、增强剂、速凝剂等外加剂。

3）泵送浇注、拌和与找坡找平

（1）泵送浇注之前先将轻骨料松铺到作业面，每层铺筑厚度 $2 \sim 3 cm$（体积分数 $\geqslant 16\%$），轻骨料铺筑时应避开大风天气与雨天，防止轻骨料随风飘飞或被大雨冲走。

（2）轻骨料铺筑后，应立即浇筑复合轻骨料混凝土浆料，随铺随浇筑。

（3）利用复合轻骨料混凝土设备的泵送系统将制成的复合轻骨料混凝土料浆，泵送至施工面。每层浇筑厚度控制在 10～15cm。在输送过程中泵送系统自动调压，使泵送高度与工作压力相适应，平稳地将复合轻骨料混凝土浆料输送到作业面，减少泡沫破碎。

（4）复合轻骨料混凝土浇筑后，紧跟拌和工序。采用 9 针钉钯拌和一遍，再用 12 针钉钯拌和两遍，拌和度以轻骨料颗粒分布均匀、无结团现象为准。

（5）复合轻骨料混凝土浇筑过程中及浇筑后 10h 内，注意观察复合轻骨料混凝土浆料的消泡、坍落情况，若整体坍落度大于 10%，则需调整单次浇筑厚度及浆料外加剂用量。

（6）按照图纸设计分水线及坡度，结合现场情况、排水沟位置等，控制坡度。

（7）面层浇筑后表面采用刮板刮平，控制平整度在 ±10mm 之内，如图 3.2-21 所示。

6. 实施效果

高流动自密实泡沫混凝土填充技术运用于机场河 CSO 调蓄及强化处理设施工程调蓄池肥

图 3.2-21　面层施工完成效果图

槽回填中，取得良好效果，施工简便，回填速度快，回填充实度高，对地下结构无侧限压力，如图 3.2-22 所示。

图 3.2-22　基坑肥槽回填施工图

3.2.6　基坑降排水综合利用技术

1. 实施概况

以本项目机场河 CSO 调蓄及强化处理设施子项为例，该子项位于武汉市东西湖区环湖中路东侧，新澳阳光城小区北侧的临渠的荒地，东面紧临机场河西渠最近约 40m。主要包括三个部分：预留进水泵站、CSO 调蓄池、CSO 强化处理设施，其中调蓄池规模为 10 万 m^3，CSO 强化处理设施规模为 $4m^3/s$。CSO 强化处理设施采用全地上的布置形式，CSO 调蓄池采用全地下的布置形式。

在开展基坑开挖工作之前，进行降排水施工，能够有效减少土层环境内的水量，提升基坑结构的坚固程度和稳定性，也符合深基坑工程的施工标准。

2. 深基坑工程降排水施工技术

1）调蓄池基坑降水设置

本工程调蓄池在坑内布置 18 口降水井，坑外布置 10 口观测井，必要时观测井兼做降水井，降水井设计深度为 35m，滤管长度 16m，成孔直径为 550mm，管径为 250mm，单井出水额定流量为 40m³/h，降水井做法具体设计见图 3.2-23 所示。

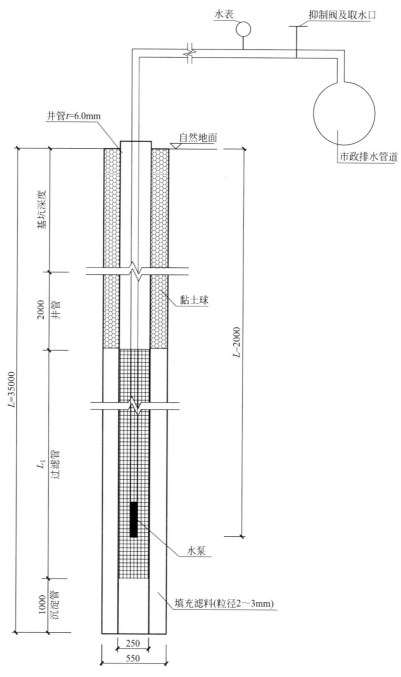

图 3.2-23　降水井大样图

① 基坑顶降排水设施参数

沉淀池：a（长）$\times b$（宽）$\times h$（高）$=2000\text{mm}\times1000\text{mm}\times1000\text{mm}$，采用240mm砖砌筑；

排水沟：$b\times h=300\text{mm}\times300\text{mm}$，坡度$\geqslant3‰$；

集水井：$a\times b\times h=1000\text{mm}\times1000\text{mm}\times1000\text{mm}$。

② 基坑底降排水设施参数

排水沟：$b\times h=300\text{mm}\times300\text{mm}$，坡度$\geqslant3‰$；

集水井：$a\times b\times h=1000\text{mm}\times1000\text{mm}\times1000\text{mm}$。

沉淀池位置以及其与市政管网连接段水管布置，施工单位可根据现场市政管网接口位置自行布置。坡顶距离红线较近区域可采用素混凝土硬化至边。降水井平面布置及相关参数见图3.2-24、表3.2-1。

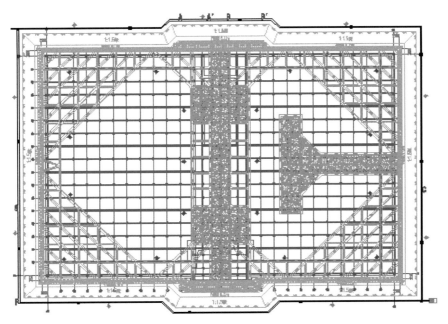

图 3.2-24　降水井平面布置图

降水井及观测井参数表　　　　　　　　　　　　　　　　表 3.2-1

类型	平面位置	井深(m)	水泵设置深度 H_1(m)	滤管长度 L_1(m)	井数(口)
观测井	基坑外	35.0	33.0	12.0	10
降水井	坑内	35.0	33.0	12.0	18

2）强化处理设施基坑降水

现场共设置6处水位观测孔，强化处理设施降水井布置如图3.2-24所示。施工降水井，按照调蓄池降水井相关参数施工。计划施工35m深，结合现场出水情况，如出水量较小，无法满足施工要求，可将降水井继续施打至40m深。

在基坑开挖前、开挖过程中，均需对降水井水位进行观测，开挖过程中观测频率为每口井不少于3d/次，需确保地下水位在坑底下0.5～1m。降水井井身由井管、过滤管、沉淀管组成，沉淀管长 1m，井管采用 6mm 厚、直径 250mm 的薄壁钢管，如图 3.2-25 所示。

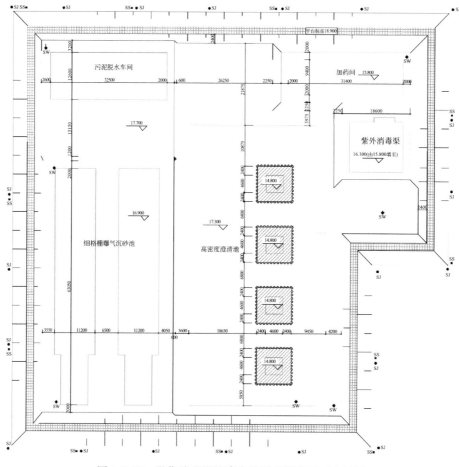

图 3.2-25　强化处理设施降水井及观测井平面布置图

3）基坑降排水主要施工方法

（1）基坑顶排水系统

基坑顶排水系统包含主要出入口自动冲洗槽及环基坑排水明沟。每个主要出入口自动冲洗槽包含一个大型三级沉淀池，整体对外排水系统与大市政排水系统连接，如图 3.2-26 所示。

基坑顶排水沟与自动冲洗槽三级沉淀池相连，构成基坑顶完整排水系统。基坑顶环基坑明沟，采用反铲挖掘机挖掘沟槽，按照设计做明沟。在基坑开挖前形成完整的排水网。

（2）基坑底排水系统

基坑开挖到底部，按照设计做坑底排水环网。基坑底明沟经汇集到集水坑后，集中向坑顶排水沟排放。

（3）基坑开挖过程临时排水

基坑开挖过程临时排水，采用临时开挖排水的土沟及集水坑来完成。

（4）基坑降水井施工

采用 35m 中深井，成孔直径 550mm，井管采用 ϕ250mm×6mm 钢管；坑内降水井 20 口，坑外观测井 10 口；泵流量 JS1 为 1200T/D，JS2 为 700T/D。

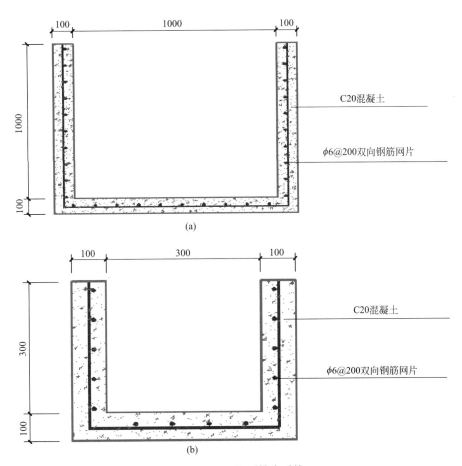

图 3.2-26　基坑顶排水系统
(a) 集水池大样；(b) 排水沟大样

① 测量定位、埋设井口护筒

降水井的位置采用全站仪进行测量定位，经验收合格后，埋设井口钢护筒。护筒采用厚度为 3mm 的钢板加工而成，护筒直径 1m，高 1.5～2.0m，埋入地下 1～1.5m。护筒外用黏土填实，以防井口坍塌。

② 泥浆配制

采用膨润土造浆，膨润土泥浆同桩基。

③ 钻机安装就位

安装钻机前，应对钻机进行全面检查、维护保养，保持良好状态，安装钻机塔身时，要采取安全措施，任何人不得在钻塔起落范围内通过和停留。整体起落钻机时，操作要平稳、准确。钻机、卷扬机或绞车应低速运行，以保持钻机塔架平稳升降，防止钻机突然倾倒、碰坏和伤人。

④ 钻井成孔

采用 GF-200 型反循环钻机钻进，孔径 550mm。在钻井过程中，由操作人员根据地质特征及孔内实际情况，掌握好钻井速度、泥浆浓度。严格控制钻孔的垂直度，以保证混凝土透水管顺利下入井内。选用直径 550mm 三翼螺旋合金钻头带导正圈钻具，反循环钻进，一次成孔。配套水泵为 BWT450/12 泥浆泵，最大工作压力不低于 1.2MPa，输浆量不低于 5L/s，钻进速度控制在 2.5～4m/h，严格控制泥浆比重，一般自孔口流入的比重在 1.2～1.3g/cm³，出现漏浆时对比重和稠度进行调整。在钻井过程中详细记录钻孔过程。钻孔完成后及时清孔换浆，清孔后的泥浆比重不大于 1.1g/cm³。钻孔验收合格并清孔换浆后立即下入井管。

⑤ 钢管井管安装

成井后先置换孔内浓泥浆，减小孔内泥浆比重，但一定要保证孔内不发生坍塌，泥浆比重控制在 1.01～1.04。接着下内径 ϕ300mm 钢管井管。钢管透水管外包裹 10 目钢丝网和 3～4 层 40 目的尼龙网。用 12 号镀锌铁丝箍紧。底端安装对中器和闷头，对中器安装间距不大于 5m，以保证管中心与成井中心重合。采用 15t 吊车缓慢将井管下入孔内，直至预定深度，钢筋混凝土井管接头焊接，管口要对齐。

⑥ 滤料回填

井管下入孔内后，开始回填滤料，管壁与孔壁之间有 150mm 厚的滤料层，滤料采用绿豆砂。滤料回填前过筛，采用动力水均匀回填，以保证滤料下沉密度，达到良好的过滤效果。滤料层回填至透水管顶端以上 2.0m，止水段采用黏土球回填。孔口顶部应高出周边地面 30～50cm，以防止污水流入井内。

⑦ 洗井

由于在钻井成孔过程中采用泥浆护壁钻进，孔内泥浆虽经置换，但浓度仍较大。为了使降水井达到良好的降水效果，滤料填充完成后，应立即洗井，采用潜水泵反复振荡冲洗抽排，直至出现清水，确保抽水含砂量小于 1/100000，即抽水水清砂净。

（5）基坑降排水雨季措施

① 预先准备相关工具及物资：抽水泵、大功率泥浆泵、水泵在基坑集中快速排放，钢管、水带、棕绳、铁丝及一定数量的彩条布等材料。

② 基础开挖期间，注意每天和未来几天的气象预报，根据气象条件做好相应的准备。基坑开挖的分层处每个部位做好临时集水井和排水沟，保证降雨时基坑内的水能及时进行排放，必要时预先安装排水泵。排水原则为预先准备及时集水排放，基坑上部四周提前砌筑水沟、集水井，井沟内用水泥砂浆抹面防水，其他部分素混凝土硬化，防止雨水渗入土层。

③ 为防止基坑底积水（雨季），坑底设置临时性排水沟、集水井，距基坑边不小于 4m，做到有水即排。在雨季安排人员进行 24h 值班，及时组织人力、物力进行坑内抽、排水工作及基坑四周积水的疏通工作。

④ 雨天过后加强基坑监测及坑内的水位观测，遇到非正常情况及时采取措施，保证基坑支护的安全及排水工程满足施工的需要。

（6）降水井实际应用及实施效果

机场河 CSO 调蓄池三轴搅拌桩 7314 幅，支护桩 408 根，工程桩 627 根，立柱桩 141 根，考虑到桩基施工阶段需要大量用水，若采用自来水，则成本高昂，因此，为降低项目施工成本，策划在调蓄池基坑外提前施工降水井 7 口，以满足桩基施工巨量的用水需求，为项目节省桩基施工用水的高昂成本。

为加强文明施工，在工地门口设置洗车槽，门口相应设置明沟排水设施，以保证车辆出入冲洗。冲洗车辆应该使用来自降水井的循环水，并使用专用冲洗设备以节约水资源。

洗车槽长 6m，宽 3.2m，采用成品洗车设施，配备高压冲洗设备，污水排入沉淀池。洗车槽前布置过水槽配合车辆清洗，过水槽长 15m，宽 3.2m。冲洗设施优先采用自动式。其示意图如图 3.2-27 所示。

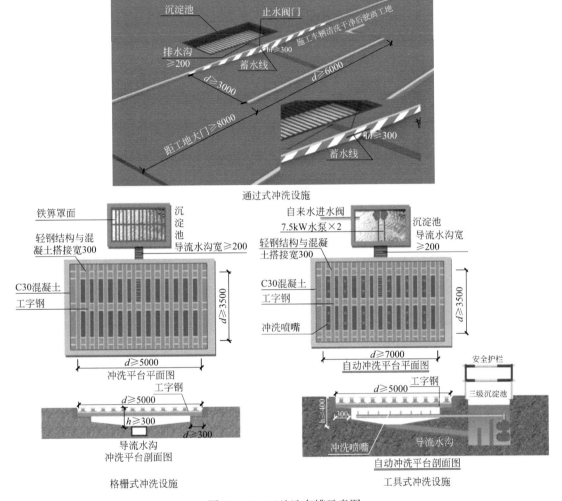

图 3.2-27　工地洗车槽示意图

采用来自于降水井循环水的洗车槽，施工成本低且极大地降低了对环境的污染，实现了文明施工。工程应用实际效果良好，取得了较好的经济效益和环境效益，可为其他类似基坑边坡处理工程提供有效参考和借鉴。同时利用降水井，满足桩基施工巨量的用水需求，为项目节省桩基施工用水的高昂成本。

3.2.7　基坑复合生态护坡技术

1. 实施背景及技术难点

机场河 CSO 调蓄池及强化处理设施位于机场河末端，主要用于调蓄上游暗涵溢流污水，其中调蓄池规模为 10 万 m³，调蓄池基坑普挖深度 16m，局部泵坑处达 21m，基坑上部采用 1：1.5 卸载放坡，下部采用灌注桩排桩＋混凝土内支撑，桩后采用三轴止水帷幕。本工程边坡防护工程主要包括两处：场区西侧杂填表土开挖后的欠稳定性土质边坡以及调蓄池基坑稳定性边坡。

本工程原计划采用喷射混凝土护面、挂网喷锚等工程护坡形式，工程护坡方式需大量使用混凝土，且混凝土的制作和喷射工艺复杂，在施工时存在一定的环境污染，同时存在施工周期长、施工成本高等问题。

2. 复合生态边坡工艺原理及方案设计

基于工程成本、进度及施工环境影响等多方面考虑，最终选取了在生态环境、经济可行性、施工效率及施工质量上具有明显优势的"花管注浆＋生态基材＋加筋麦克垫"复合生态边坡技术。具体施工工序如图 3.2-28 所示。

图 3.2-28　复合生态边坡施工工序图

3. 复合生态边坡工艺原理

复合生态边坡采用"花管注浆＋生态基材＋加筋麦克垫"形式。花管注浆是用压力将离子型土体固化剂浆液从花管孔中注入土层，进而在土中形成加固，提高边坡强度和稳定性。高性能生态基材与植物种子混合喷射到坡面上具有改善土壤环境，覆盖、保温、保水、加速植物生长及壮根的功能，从而达到快速成坪的优良绿化效果。加筋麦克垫主要采用锚固系统固定在坡面，以防止土层受风和降雨侵蚀，并且与植物根系交织在一起，对植物的根系起到永久加筋作用。

4. 复合生态边坡实施重难点及解决措施

针对场地西侧杂填表土开挖后的欠稳定性边坡，采用由花管注浆、生态基材和加筋麦克垫等组合构成的复合生态护坡工艺，如图 3.2-29 所示。

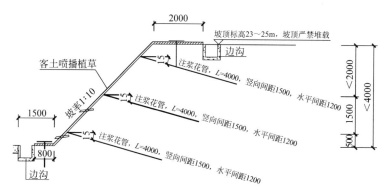

图 3.2-29　花管注浆＋生态基材＋加筋麦克垫

L 为长度

针对调蓄池和强化处理设施基坑边坡（稳定性边坡），采用由生态基材和加筋麦克垫组合构成的生态护坡工艺，如图 3.2-30 所示。

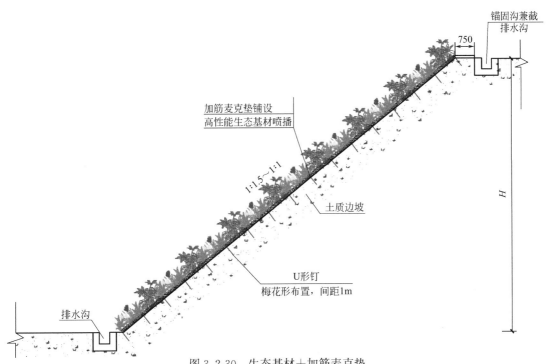

图 3.2-30　生态基材＋加筋麦克垫

H 为高度（m）

（1）基面不平整设计

存在问题：城市内基坑上层土多为人工杂填土，原状土性质被改变，无有效黏聚力，修坡过程中，成型效果差，边坡凸凹不平，容易局部出现大的坑洞。

针对性设计：对凸凹不平部位进行人工清理，达到种植要求；较大坑洞部位，采用低刚度高强度麦克垫，增加 U 形钉密度，确保折线形密贴，形成柔性坡面，如图 3.2-31、图 3.2-32 所示；成型后及时修剪草坪，确保外形观感效果良好。

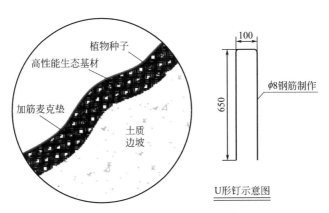

图 3.2-31　柔性坡面＋U 形钉固定（一）

（2）边坡稳定性设计

存在问题：杂填土存在黏聚力差的问题，在水土压力作用下，容易造成边坡滑坡、崩

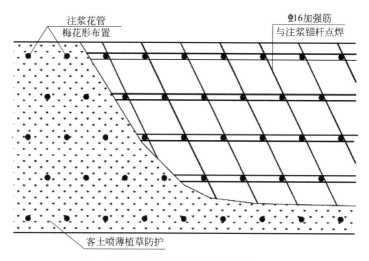

图 3.2-32　柔性坡面＋U 形钉固定（二）

塌等事故。

针对性设计：采用注浆花管的梅花形布置，竖向间距 1.5m，水平间距 1.2m，注浆花管的施工方向与水平线呈 15°角向下。主要步骤：①钻孔：根据注浆方案图要求，对准孔位，施工注浆孔，采用振动或机械成孔的方式植入注浆管，要求孔位偏差不大于 5cm，入射角度偏差不大于 1°；②注入浆液：成孔后，开始注浆，注浆压力 0.5MPa，注浆流量为 40～50L/min；③拔出注浆管，封堵注浆孔：采用黏土或其他材料封堵注浆孔，防止浆液流失；④冲洗注浆管：注浆完毕，应立即用清水冲洗注浆管，必须采取适当措施处理废水，做好清洁工作。

（3）坡面排水设计

存在问题：基坑边坡雨水侵入，水位升高，水压急剧增大，土体有效内摩擦角减小，无有效的泄水措施，是常规边坡破坏的关键因素。

针对性设计：①坡顶设置锚固沟，加劲垫深入锚固沟，增加拉结力，坡顶设置压顶平台，阻止水渗入，如图 3.2-33 所示；②增加坡面透水性。种植草可在有效避免冲刷的同时，具有良好的开放性排水功能。坡面设置假性泄水孔，草根深入后有效蓄水泄水，不会形成水压，如图 3.2-34 所示。

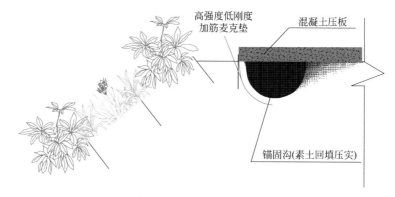

图 3.2-33　坡顶锚固沟设计

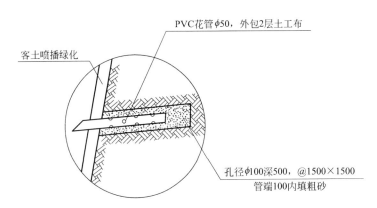

图 3.2-34 坡面泄水孔设计

5. 实施效益分析

（1）实施效果

本工程采用"花管注浆＋生态基材＋加筋麦克垫"工艺，2021 年 5 月 9 日完成边坡初步修整，5 月 16 日完成生态基材喷薄及加筋麦克垫的施工；施工完成 20d 后，整个坡面已完全成坪，相对传统做法可提前 50％的工期。经过雨季、冬季持续观察监测，边坡整体稳定，无水土流失现象，成型美观，达到良好的生态景观效果，如图 3.2-35 所示。

图 3.2-35 复合生态边坡完工图

（2）经济效益

相比传统挂网喷锚的施工方式，针对自稳定性边坡所采用的生态基材和加筋麦克垫构成的复合生态护坡技术，可大幅减少钢筋、混凝土使用量及机械人力投入，同时材料损耗率极小，可有效降低工程施工成本，经测算，每平方米可节省成本约 35％，具有显著的经济效益；针对欠稳定性边坡所采用的由花管注浆、生态基材和加筋麦克垫组合构成的复合生态护坡工艺，成本与挂网喷锚基本持平，但复合态护坡技术施工速度快，可加快土方开挖进程，节省管理费等。

（3）社会与环境效益

传统的挂网喷锚护坡工艺，工序复杂，施工过程中环境污染大，工人作业环境差，且混凝土回弹量大，浪费严重。而采用复合生态护坡技术，工序简单，劳动力投入少且作业环境好，材料损耗极少；施工无需使用钢筋、混凝土材料，绿色环保，符合绿色施工的要求。生态护坡成坪后景观效果显著，可显著提升项目表观形象。

6. 结语

复合生态护坡技术解决了基坑边坡传统喷锚护坡施工成本高、环境污染大、施工周期长等问题，实现了基坑边坡护坡生态绿色化。工程应用实际效果良好，取得了较好的经济效益和环境效益，可为其他类似基坑边坡处理工程提供有效参考和借鉴。依托本项目，生态护坡技术获成果多项：专利一项，省级工法一项，省级 QC 成果Ⅰ类一项。

3.3　结构施工技术

3.3.1　超高水池侧墙单侧支模施工技术

1. 实施背景及技术难点

本项目调蓄池均为全地下钢筋混凝土结构，建设地点位于中心城区繁华地段，体量大、结构抗渗等级高（P8 以上）。以常青公园地下调蓄池为例，东侧、北侧邻近城市主干道，基坑围护结构采取"排桩＋单道钢筋混凝土内支撑"形式，由于侧墙与围护结构间宽度仅 0.2m，考虑到换撑施工难度大、外墙防水施工困难，侧墙与肥槽一同浇筑，实际浇筑厚度 1～1.2m，结构常规高度 8.45m，最大净高 11.25m。

侧墙施工只能采取单侧支模方式，由于侧墙超高，常规支模方式从施工效率、结构成型质量及成本控制上都难以满足要求：一是搭设满堂架对顶支撑，由于调蓄池侧墙间距大，此种方式材料、劳动力投入大，同时架体刚度较差，容易出现跑模、胀模等质量缺陷；二是先通过支护桩植筋，后将止水螺杆焊接加固单侧模板，此种方式对植筋质量要求高，同时成本较高、效率低，不适用于大规模施工使用。此外，受制于施工场地空间，且地下结构防水要求高，优化单侧支模施工技术是提升施工效率、确保施工质量的关键因素。

2. 解决措施

为了克服现有技术超高侧墙单侧支模施工效率不高、质量不达标等缺陷，提出了"定型钢模＋可移动支撑桁架"的侧墙单侧组合支撑体系。

1）单侧组合支撑体系的建立

（1）快速拼装、自由组合模板单元

为满足施工现场快速拼装、安装轻便的要求，根据具体条件设计模板单元尺寸。定型组合钢模板由单元钢模板和加固配件组成，单元模板通过紧固螺栓拼接，后伸用双拼槽钢与钢模板加强肋之间，通过专用连接爪连接成整体，组装方便，通用性强。

为保证整体平整度，接缝平整不漏浆，模板单元板拼缝处预留 50mm 的企口，可使模板之间拼缝严密。同时为使模板受力合理、可靠，通过芯带销插紧，保证模板的整体性，每块模板在对称位置的背楞上设置吊环，便于模板吊装，如图 3.3-1 所示。

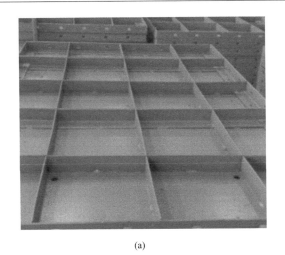
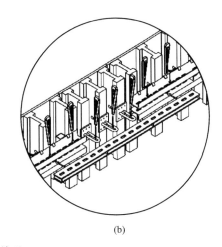

(a)

(b)

图 3.3-1 模板单元

(a) 单元钢模板；(b) 拼装节点图

(2) 可移动支撑桁架

模板支架在混凝土浇筑过程中承受了混凝土的侧压力，要求有足够的强度和刚度，既能承载又能保证不发生变形。为此，项目利用三角桁架受力原理，开发出可移动支撑桁架体系，通过型钢三角桁架承受模板传递过来的混凝土侧压力，然后再传递给地面与预埋螺栓。此外，架体底边安装了四个轮子，其中两个万向轮，两个定向轮，实现了架体在混凝土板面上的移动，如图 3.3-2 所示。

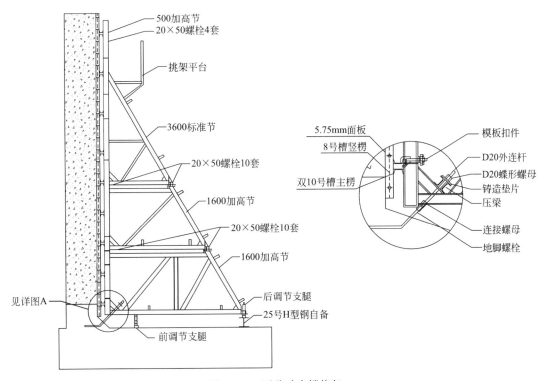

图 3.3-2 可移动支撑桁架

（3）单侧支模结构受力计算

以常青公园地下调蓄池 6.95m 高侧墙支撑桁架为例，利用 Midas Civil 软件建模进行受力分析。

① 构件承载力分析，如图 3.3-3 所示。

桁架最大应力 f_{max} 120N/mm^2 ＜设计应力 $[f]$ ＝205N/mm^2，桁架最大变形 3.45mm，满足要求。

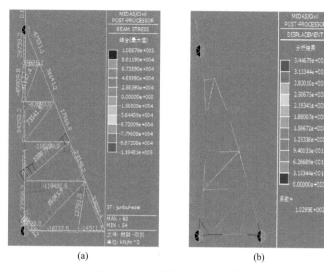

(a)　　　　　　　　　　　　　(b)

图 3.3-3　支撑桁架应力计算

（a）支撑桁架应力图；（b）支撑桁架变形图

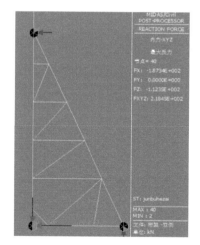

图 3.3-4　支撑桁架支座反力图

② 支架预埋件受力分析

由软件计算得，桁架最大支座反力 132kN，如图 3.3-4 所示。

预埋件采用直径 25mm 的螺纹钢（HRB400），其容许拉应力 $[\sigma]$ ＝360MPa。支架最大间距 100cm，预埋件间距 30cm，由于支架对预埋拉筋的作用力通过压底梁传递，故单榀桁架作用地脚钢筋为 3 个，此处预埋件进行计算，

则拉应力 $\sigma = \dfrac{F}{nA} = \dfrac{132 \times 10^3}{3 \times 3.14 \times 12.5^2} = 90\text{MPa} \leqslant 360\text{MPa}$，满足要求。

预埋件采用直径 25mm 的螺纹钢（HRB400），其容许拉应力 $[\sigma]$ ＝360MPa。预埋件与地面夹角为 45°，则 $F = 142.8/\sin 45° = 202\text{kN}$。支架最大间距 100cm，预埋件间距 30cm，由于支架对预埋拉筋的作用力通过压底梁传递，故单榀桁架作用地脚钢筋为 3.3 个，此处预埋件进行计算，

则拉应力 $\sigma = \dfrac{F}{nA} = \dfrac{202 \times 10^3}{3.3 \times 3.14 \times 12.5^2} = 124.8\text{MPa} \leqslant 360\text{MPa}$，满足要求。

顶部桁架最大反力 112.7kN，采用直径 25mm 的螺纹钢（HRB400）对拉。

拉应力 $\sigma = \dfrac{F}{nA} = \dfrac{112.7 \times 10^3}{1.0 \times 3.14 \times 12.5^2} = 229.7\text{MPa} \leqslant 360\text{MPa}$，满足要求。

从计算结果可以看出，本架体结构的强度、刚度及稳定性均满足规范要求。

2）单侧组合支撑体系施工控制要点

单侧组合支撑体系具体施工流程如图 3.3-5 所示，主要质量控制要点有以下几点。

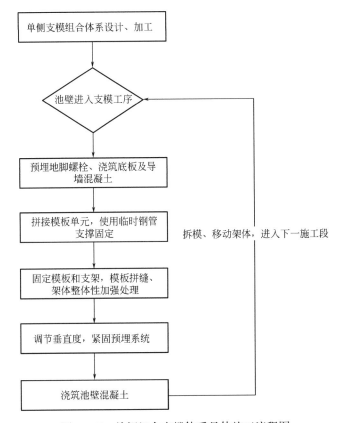

图 3.3-5　单侧组合支撑体系具体施工流程图

（1）预埋地脚螺栓质量控制。一是螺栓尺寸控制，通常控制外露厚度在模板以外不小于 5cm，预埋地脚螺栓中心间距按 30cm 设置，同时根据实际计算结果进行增设；二是预埋螺栓总长度，要求预理部分长度不小于 30cm，同时在预埋前对端头缠裹保护膜，防止施工过程中发生污染和螺纹破坏，此外为保证预理精度，需先由测量人员放控制线，后按控制线拉线预埋，预埋的角度采用定性模具定位控制；三是为保证预埋固定的牢固程度，可在预埋位置增设附加钢筋；四是预埋螺栓拆除，螺栓采用锥形接头连接，外露部分拆除后，螺杆孔洞用高强度等级砂浆封堵。

（2）模板单元拼接。模板单元在地面进行拼装，主要流程为：摆放主龙骨→弹线放置竖肋次龙骨→主次龙骨组装→安装面板及吊钩→模板吊装及临时固定。其中，吊钩在竖肋上两侧对称设置，通过在端头开有两个 $\phi22$ 的孔，采用 M20 螺栓将吊钩与竖肋夹紧连接，此外在模板吊装前，导墙水平施工缝处需拉通线切缝进行凿平，保证整个导墙水平缝接缝平直，吊装至目标位置后使用临时钢管支撑固定。

（3）支架固定及模板拼缝处理。一是将标准节与加高节组拼、安装万向轮、调节丝杠，背楞支架连接器等有连接螺栓的地方要上满且紧固到位；二是为了提高架体的整体性，在单侧支模架体组立完成后，使用扣件式钢管加固，将每4榀支架连接成整体；三是对模板拼缝过大部位采用胶带进行处理，防止漏浆。

（4）垂直度调节及预埋系统紧固。在对预埋系统进行紧固的过程中注意模板垂直度控制，通过压梁和紧固埋件系统，将单侧支架与地脚螺栓连接，确保全部锁紧。

常青公园地下调蓄池平面尺寸为 316.8m×53.3m，池壁沿长度方向按 25.3m 分为一个施工段，并配置一套单侧支模组合支撑系统，整个调蓄池施工共投入 2 套支撑系统，施工高峰阶段增加一套投入，保证了现场材料设备高效运转，同时成型后池壁质量较好，如图 3.3-6 所示。

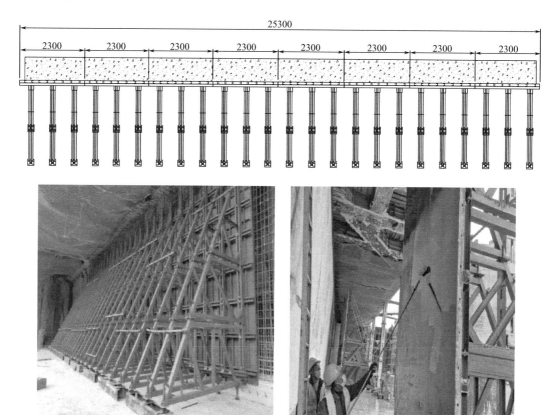

图 3.3-6　单侧支模施工

3. 实施效果

通过提出"定型钢模＋可移动支撑桁架"的侧墙单侧组合支撑体系，解决了常规支模施工效率不高、质量不达标等问题，该单侧支模体系更加安全、经济、便捷，在本项目地下调蓄池超高侧墙施工中成功应用。为新型支模体系在地下结构施工中全面推广提供实践保障，并积累施工经验，为其他特殊结构形式和特殊环境下的单侧支模体系专项研发提供经验和思路。

3.3.2 大体量地下调蓄池高支模施工技术

1. 实施背景及技术难点

高大模板支撑体系具有施工复杂、影响因素多以及事故危害性大等特点。本项目调蓄池均为特大型全地下钢筋混凝土结构，顶板架体搭设过程存在搭设高度大、承重梁部位集中线荷载大、局部区域梁跨度大等不利因素。以本项目 25 万 m³ 黄孝河 CSO 调蓄池为例，顶板为高密度井字形梁板，梁格间距 3.35m 左右，梁体截面大，顶板净高 10m，单层支撑面积达到 35000m²，支撑架体量达到 35 万 m³。此外，结构柱作为顶板的承重构件分布于整个池子，高度达 8m 以上，与侧墙同步支模浇筑。内中隔墙较多且纵横交错，顶板架体搭设需根据下部情况调整，给架体搭设造成一定难度，且柱子和中墙较高，绑扎钢筋和支模需要搭设操作平台，进一步增加施工难度。

如此大体量的支撑架规模，从支撑材料的运输、进出场调度，到施工过程中架体数据监测都对工程施工组织考验极大，因此，选择合适的支撑材料和科学先进的搭设方案对工程安全、高效地平稳推进将起到重要作用。

2. 解决措施

1) 高支模架体设计及其稳定性分析

针对工程特点，选择承插型盘扣式脚手架作为主要支撑体系材料，相比传统的扣件式、碗扣式支撑体系，盘扣架主要由立杆、水平连杆、斜拉杆等部件组成，属半工具的定型材料，杆件强度高，同时单根连接杆件重量轻，安装便捷，工效高，形成了一套安全高效的特大型地下调蓄池高支模架结构设计与施工技术，在类似高支模工程中具有一定的推广应用价值，如图 3.3-7 所示。

图 3.3-7 高支模架体搭设效果图

（1）架体参数设计

① 大尺寸高密度井字梁支撑体系设计

本工程调蓄池梁最大尺寸为 1200mm×1600mm，梁格间距 3.35m 左右，采用 C40 钢筋混凝土。根据设计荷载要求，经过反复验算确定，梁下部布置 2 根立杆，立杆间距 0.6m，梁跨度方向立杆间距为 0.6m，梁底模板采用 15mm 厚黑胶模板，次龙骨采用 50mm×100mm 方木，沿调蓄池横向布置，主龙骨采用 ϕ48.3mm×3.5mm 双拼钢管沿梁方向布置，支撑架横距 0.3m，纵距 0.6m，步距 1.5m，如图 3.3-8 所示。

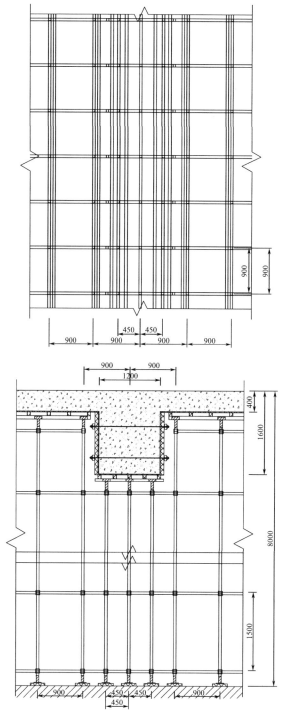

图 3.3-8 大尺寸梁支撑架体布置图

② 超高大面积顶板支撑体系设计

地下结构顶板支架最大搭设高度达 16.3m，板厚 400mm，经过验算确定，立杆和横

杆采用 $\phi48\text{mm}\times3.2\text{mm}$，纵距×横距为 $900\text{mm}\times900\text{mm}$，水平斜杆采用 $\phi48\text{mm}\times2.5\text{mm}$，竖向斜杆采用 $\phi48\text{mm}\times2.3\text{mm}$，采用 15mm 厚黑胶模板作为面板，次龙骨采用 $50\text{mm}\times100\text{mm}\times2000\text{mm}$ 木枋，木枋间距 200mm，主龙骨采用 $\phi48.3\text{mm}\times3.5\text{mm}$ 双拼钢管沿梁长方向布设。此外，为了最大限度上提升架体的稳定性和安全性，剪刀撑布置按邻近各构件的交叉点位原则进行设计，具体布置如图 3.3-9 所示。

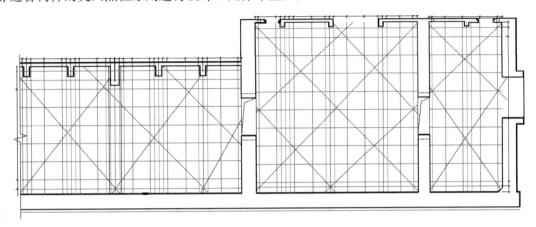

图 3.3-9 顶板支撑架体布置图

（2）架体稳定性分析

选取截面尺寸 $1200\text{mm}\times1600\text{mm}$ 梁架体，分别按承载能力极限状态、正常使用极限状态进行验算。梁底主龙骨钢管，立杆抗弯强度、挠度、稳定性均符合施工规范要求，如图 3.3-10 所示。

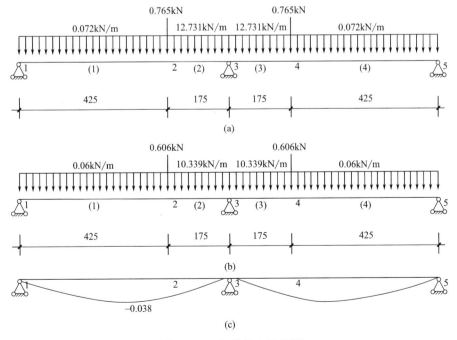

图 3.3-10 架体稳定性分析

（a）承载能力极限状态；（b）正常使用极限状态；（c）极限状态梁变形图

2）大体量支撑架施工关键技术

（1）跳仓法跳仓分块

为提高施工效率，严控施工质量，降低结构开裂风险。调蓄池主体结构施工按平面分区、纵向分层原则进行，采取跳仓法技术合理分块跳仓，按"隔一跳一"原则确定混凝土浇筑时序。

以机场河CSO调蓄池为例，调蓄池区域结构总体采用由南北往中间的施工路线，采用跳仓法施工技术，考虑调蓄池轴网布置、周边场地交通条件、混凝土供应能力、总体工期，对调蓄池进行仓格合理划分，经计算确定，跳仓块长度介于30～35m，调蓄池主体结构划分为15仓。南北分区同时进行施工，施工时序为：北区先行施工一、五、三，南区先行施工十三、十一、十五；再行施工四、二、六，十、十四、十五，中间3仓按九、七、八时序施工。仓与仓之间施工缝采用"钢丝网"作收口模板。每个分仓混凝土一次性浇筑完成，相邻分仓混凝土浇筑时间按不小于7d控制。

单仓由底至顶压缩为极限时间38d，所有模板、架体投入按2套准备，施行流水作业。同时，现场设置三台7020塔式起重机，并灵活增配50t汽车式起重机3～5台，实现场内材料运输的全覆盖，如图3.3-11所示。

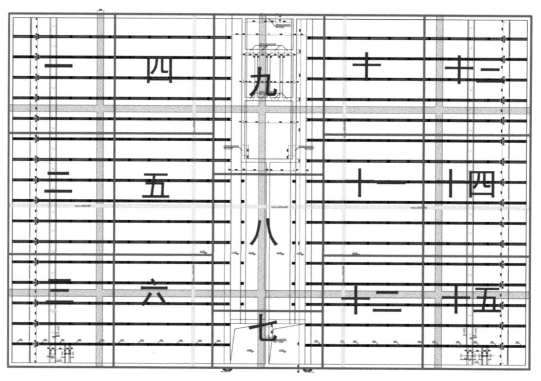

图 3.3-11　跳仓法施工分仓平面布置图

（2）精细标准化架体搭设与拆除

高支模施工技术相对较为特殊，施工作业大部分均为高空作业，风险系数高，架体搭设及拆除过程中极易发生安全事故。针对此，采取"事前齐交底、事中强管控、事后勤监测"原则进行高支模施工管理。其一，高支模施工安全技术交底，以人员全覆盖、危险源分析全覆盖为基本要求，同时借助 BIM 技术进行可视化交底；其二，强化过程管控，根据交底要求及相关技术规范，在架体搭设过程中，规范验收机制，按搭设起步验收、过程及时旁站监督整改、搭设完成后综合验收，强化施工过程管理标准化；其三，架体搭设完成至架体拆除期间，开展架体稳定性监测，通过借助监测设备，实时掌握施工过程中，尤其是混凝土浇筑期间架体的稳定状态。

针对调蓄池高支模施工相对比较复杂繁琐的特点，采取标准规范化施工工艺流程，主要施工工艺流程如图 3.3-12 所示，强化关键工序验收质量，验收合格后方可进入下一步工序。

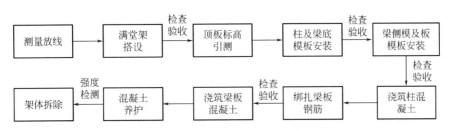

图 3.3-12　架体搭设与拆除标准化流程

（3）高支模自动监控技术

高支模监测是施工过程模板支撑体系安全和质量控制的重要手段，传统的监测手段难以对支撑架体稳定情况进行及时、高效、可靠的分析。鉴于此，项目在总结国内相关工程高支模变形监测过程中的经验，依托本项目三大调蓄池工程，对施工全过程中的支撑搭设、拆除安全监测控制进行研究。

通过对重点区域布设监测点，实现对立杆轴力、模板沉降、立杆倾角和支架整体水平位移等方面的实时监测，如图 3.3-13 所示。

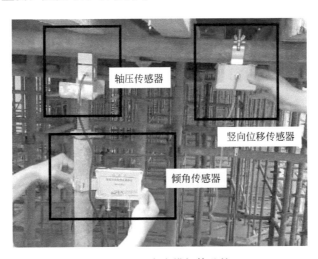

图 3.3-13　高支模架体监控

在混凝土浇筑过程中和浇筑完成后，设定监测数据每分钟采集 1 次，在混凝土浇筑前 0.5h 开始监测。结束监测的条件需要同时满足混凝土浇筑完成且达到初凝、数据达到稳定状态、人员全部撤离。混凝土浇筑过程中专人全程进行数据跟踪，根据实际情况进行评判和处理。通过及时有效地收集数据和架体受力情况，并且根据监测数据可直接生成直观、实时变化的轴力变化和位移-时间变化曲线图，为实现信息化施工和指导、保障安全现场施工提供数据支持。

3. 实施效果

通过施工前期详细周密的架体参数设计，以及从全局出发的施工部署优化，施工过程中精细标准的架体搭设与拆除管理流程，借助信息化手段开展高支模监测，保障了施工现场高支模施工安全高效推进，为高支模工程施工技术发展提供了经验借鉴。

3.3.3　调蓄池流道混凝土施工技术

1. 实施背景及技术难点

调蓄池储存溢流污水中通常携带了易沉积的污物杂质，导致在调蓄池使用后底部不可避免地有沉积杂物，不及时清理易变质和产生有害气体，为避免沉积杂物积聚过多，影响调蓄池功能发挥，工程师设计时，重点考虑了排空后调蓄池清洗问题。

以本项目机场河 CSO 调蓄池为例，调蓄池按南北分区，每侧设置 17 条冲洗廊道，长 60m、宽 5.15m，每条廊道配备一台门式冲洗系统。廊道设置 1%～2% 坡度，设计为 C20 混凝土二次浇筑，由出水端至廊道末端收集渠。为保证达到最佳冲洗效果，避免在冲洗阶段清洗不彻底，产生二次沉积，对冲洗廊道找坡层施工质量要求极高，一是坡度及平整度控制精度，高于一般结构允许误差要求；二是考虑到蓄水阶段池底高水位压力，找坡层裂缝控制、找坡层与底板结构层结合强度要求较高，避免后期脱空，如图 3.3-14 所示。

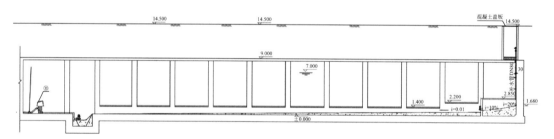

图 3.3-14　调蓄池流道混凝土剖面图

2. 解决措施

为高标准完成面积约 12000m² 的冲洗廊道找坡混凝土施工，项目初期对多套施工方案进行了比选。

方案一，在底板施工阶段采取与调蓄池结构底板一体化施工。其优势在于浇筑混凝土较方便，且一体化浇筑整体性更好，但由于前期调蓄池底板采用跳仓法施工，共分为 15 仓，找坡混凝土施工连续性较差，坡度控制难度大，同时后期顶板施工涉及大量架体搭设与拆除，易造成找坡层混凝土破坏，导致二次返工。

方案二，在调蓄池主体结构全部施工完成，内部架体模板等材料全部清理完成后，整体施工找坡混凝土。其不足之处在于后期需使用地泵浇筑混凝土，且找坡层与底板结构层间存在脱空风险，但施工质量更容易保证。

鉴于运营阶段，冲洗工艺上对底板找坡层成型质量高标准要求，综合各方面因素后，选择方案二进行找坡层施工，同时从混凝土原材料控制、施工控制措施优化等多方面考虑，确保成型质量。

（1）超大面积地泵泵送混凝土工艺

受制于地泵泵管移动幅度，一般单次摆管仅可覆盖 $5\sim8m^2$，大面积混凝土浇筑需多次装、拆移动泵管，劳动强度较大，效率低，且无法保证混凝土浇筑的连续性，影响质量。

根据工程特点、混凝土站运距，制定科学实用的浇筑方案，项目采用"地泵＋微型可移动式布料机配合"浇筑工艺，布料机单次吊运可覆盖邻近 3 个冲洗廊道混凝土浇筑。安全质量可控性高、安装调整操作简易、不易堵管，大大弥补了单一地泵浇筑工期长的缺陷。

（2）新旧混凝土结合面处理

为提升找坡层与底板结构层结合强度，避免因高水位压力下，新旧混凝土结合面出现脱空，产生二次垃圾沉积。在结构底板混凝土浇筑阶段，考虑到后期二次找坡层施工，参考桥梁整平层施工经验，采取相应加强措施：①在结构底板混凝土整平收面后，进行拉毛处理，增加粗糙度；②底板钢筋绑扎时，按 $1m\times1m$ 梅花形布置预留部分 U 形钢筋外露，与后期局部区域找坡层内增设钢筋网片相连接，加强层间锚固处理。

此外，在结构施工阶段，混凝土表面残留的油污、脱模剂、尘土等附着物，需在找坡层浇筑前用清洗剂及相关工具清除，同时去除混凝土表面的浮浆层，特殊难以处理区域，必要时涂刷界面剂处理，以提高层间粘结性能。

（3）高精度找坡层标高控制

找坡层控制精度将直接影响到后期调蓄池冲洗，根据测量规范要求，建立相应的平面控制网点，以保证满足整个工程的测量放线要求。按照图纸 1‰ 的坡度设计要求，找坡面从最高点到终点的高差为 60cm，采用水准仪定点测平，在调蓄池冲洗廊道两侧深梁侧边，每隔 4m 钉上钢钉，同时采用红油漆标记标高，在两根钢钉之间用绳子绷紧连接，安排专人复核标高以确保准确。

（4）混凝土浇筑

由于流道混凝土要求具有较高密实性，所以拌制也要有较好的均匀性，在混凝土施工中禁止使用不同牌号的水泥混合在一起，避免产生相容性问题，此外对混凝土骨料质量、拌合用水、外加剂种类及掺量需经过现场进行原位试验合格后确定。

对施工现场的浇筑作业进行合理部署，保证各个浇筑施工工序的紧密衔接，确保工程具备连续性。此外，找平层混凝土厚度不大，浇筑混凝土坍落度不宜过大，控制在（170±10）mm，严禁现场作业班组私自向混凝土中加水，施工过程中定期抽查混凝土坍落度。若出现混凝土坍落度不满足施工要求的情况，及时通知现场试验员现场复搅，或者直接要求退回拌合站重拌。浇筑过程中采用振捣梁进行振捣，控制混凝土浇筑表面的均匀性与平整性，并时刻关注混凝土的整体状态，振捣时间不宜过长，防止混凝土出现泌水现象，确保混凝土上下层结合的整体性特点。

（5）混凝土面层养护

混凝土浇筑和振捣完成后，首先对混凝土表面进行第一次抹面，本次抹面将混凝土表面进行初步抹平，在混凝土初凝后、终凝前用木抹板进行二次收面压光，以消除塑性收缩表面微裂缝，过程中注意面层平整度控制，同时不断在表面上洒水，保持一定湿度。待混凝土终凝后，用塑料薄膜覆盖进行保温保湿养护，注意不得损坏薄膜，若发现有破损处，应在破损处加盖一层塑料薄膜，养护时间不少于 14d，强度达到要求后仍需继续保湿一段时间，使收缩发展过程中被湿胀抵消。

3. 实施效果

提出的调蓄池流道混凝土施工控制技术，适用范围广、安全性强，在保证施工质量的同时，提高了施工效率，有效实现了运营阶段调蓄池冲洗廊道清洗功能的发挥，可为大面积二次混凝土找坡层施工提供经验参考。

3.3.4　高密度澄清池结构曲面混凝土施工技术

1. 实施背景及技术难点

本项目强化处理设施高密池共 4 个澄清区，澄清池区域存在曲面混凝土结构，成型面近似于球体外壁，设计为二次浇筑 C20 素混凝土结构，单个澄清区曲面混凝土结构约 120m³，单座高密池累计曲面混凝土结构约 480m³，主要施工重点及难点如下：

1）支模困难。该曲面混凝土结构成型控制难度较大，若采取常规木模施工，需将单块大模板裁成较小的条状模板，逐块拼成一个近似的圆弧面，而且分成的每个条块尺寸越小，成型越近似于设计圆弧面曲率，因此存在施工效率极低、模板固定困难且胀模风险较高等缺点。

2）完成面精度要求高。为满足工艺需求，该曲面结构对完成面精度要求极高，采取定型钢模施工虽可以一次浇筑成型，但需找专业厂家进行单独设计，成本较高且为一次投入，无法在其他项目周转使用，同时受制于既有结构完成面误差影响，即便是采取钢模一次浇筑成型后，后期局部凿除修补可能性仍较大。

2. 解决措施

针对上述问题，项目提出先砌筑砖胎膜分层浇筑整体成型，后利用运营阶段刮泥机设备收面找平的解决思路。经测算，砌砖成本与混凝土浇筑成本接近，但砖胎膜可承担填充混凝土作用，节省了支模费用，根据现场进度需求，合理投入泥工人数，相比木模可节省造价 8%～12%，如图 3.3-15 所示。

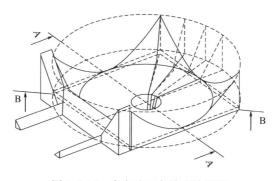

图 3.3-15　高密池四角填充效果图

1）池体几何中心确定

池体几何中心确定是保证后期刮泥机精确安装定位的前提，根据实际施工复核情况，调整澄清区池体四角曲面混凝土完成面，在池体尺寸符合设计及相关规范允许误差内，对池体进行测量放线,确定池体几何中心。需特别注意,由于池壁线性控制程度可能一般,池体几何中心采取通过四边中点连线交点确定,不推荐使用对角连线方式确定。

2)曲面结构分块成型

鉴于曲面成型精度要求极高,本方案提出前期使用砖胎膜作侧模初步成型,但实际砖胎膜成型曲面,施工控制难度较大,针对此,采用"化曲为直"的思路,将曲面壳体沿池底圆弧方向若干等分,各分块近似于三角棱台,如图 3.3-16 所示。

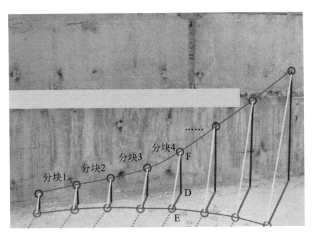

图 3.3-16　曲面结构分块图

在对曲面进行分块时,需根据现场实际复测数据,经计算确定分块数量及分块参数,关键控制步骤如下:

(1)确定澄清区四角填充与池底面相交圆周。以池体几何中心为圆心,池体内切圆半径 R 与四角填充池底圆周半径 r 的差值为 a,差值 $a=h/\tan\alpha$,式中 h 为池壁处填充区最低点高度,α 为填充区坡度。

(2)确定分块数量。分块按"3 点确定平面"进行逐块划分,三点分别为:池底边水平中心线等分点 D、等分点 D 与池底圆周交点 E、等分点 D 在池壁对应填充顶点 F。

① 等分点 D,根据确定的池体水平中心线在池底面的投影中心点,沿投影中心点往两侧等分池体底边线,理论上等分数量越多,越贴近曲面,但数量过多会进一步增加工程难度,原则上等分点数量不少于 9 个即可满足要求。

② 交点 E,连接池体几何中心与池底等分点,连线与圆周的交点即为点 E,可使用钢钉对具体位置进行精确标记。

③ 顶点 F,等分点 D 与顶点 F 连线与池底垂直,只需确定线段 DF 长度即可确定 F 点位置。线段 DE 长度 l_1 由实际测量确定,线段 DF 长度 l_2 由公式 $l_2=l_1\times\tan\alpha$,α 为四角填充设计坡度,如图 3.3-17 所示。

(3)砖胎膜砌筑及填充混凝土浇筑。将池底等分点对应的圆周交点 E 和池壁填充顶点 F 用细绳连接,即得到四角填充最终完成面。沿控制线进行砌砖,注意砌砖高度距最终完成面预留 5cm 砂浆层厚度,同时按 80cm 高竖向分层施工,分层浇筑填充混凝土,如图 3.3-18 所示。

(4)砂浆面层施工。在砖胎膜外侧使用砂浆面层进行一次找坡,注意需挂钢丝网或采

图 3.3-17　四角填充曲面结构现场分块图

图 3.3-18　四角填充砖胎膜施工图

取其他加强措施，保证初次找坡施工质量。

　　3）刮泥机二次找坡

　　因工艺需求，刮泥机后期运行时要求刮泥机的刮板与池底坡面吻合精度极高，以保证运营阶段池底淤泥收集效率。针对这一特点，逆向发挥刮泥机功能，在主体结构完成施工，四角填充区曲面结构通过砖胎膜施工初步成型后，即进行刮泥机安装及试运行。将橡胶刮泥板拆下换成等尺寸木板，在填筑混凝土的同时转动刮泥机，随填随刮，在刮泥机配合下人工完成曲面结构二次找坡工作，如图 3.3-19 所示。

　　3. 实施效果

　　通过先砌筑砖胎膜作侧模，对曲面结构分层浇筑达到整体成型，后期利用运营阶段刮泥机设备二次找坡的解决方案，成功实现了曲面混凝土结构的精准成型，避免了后期反复凿除修补，提升了施工效率，同时在一定程度上降低了曲面结构施工成本，为类似结构施

图 3.3-19 刮泥机二次找坡

工提供了经验和思路。

3.4 结构渗漏控制关键技术

3.4.1 水池结构典型渗漏原因分析

1. 水池结构常见开裂渗水部位

渗漏是工程结构常见质量问题,也是工程质量控制的关键和难点。本工程为大型调蓄池结构,防渗要求较高,以结构自防水为主,内表面涂刷 HEME 防腐防水涂料为辅。针对可能出现的渗漏情况,应重点控制易出现渗漏部位,常见渗漏部位如下:

1)地下室底板、外墙、顶板施工缝(冷缝)位置。

2)后浇带两边接口开裂渗水。

3)地下室底板与外墙水平接缝位置开裂渗水。

4)后浇带混凝土浇筑完成后,结构薄弱位置开裂渗水。

5)钢格构柱与结构相交处渗水。

　　6）地下室外墙止水螺杆位置渗水。

　　7）底板、外墙、顶板变形缝位置渗水。

　　2. 渗漏主要原因

　　渗漏发生的主要原因为施工过程质量控制不到位、材料不合格、施工完成后成品保护缺失等方面，从而导致结构存在缺陷，进而导致发生渗漏。具体原因如下：

　　1）由于原材料、配合比、运输、浇筑等的影响，混凝土性能下降，混凝土强度、抗渗等级均达不到设计要求。

　　2）混凝土浇筑过程中，浇筑间隔时间过长，产生施工缝（冷缝）。

　　3）局部振捣不密实、漏振、混凝土结构松散不密实等。

　　4）后浇带浇筑前垃圾、松散混凝土、积水等清理不干净。

　　5）混凝土水胶比过大、膨胀补偿不够。

　　6）外墙水平接缝处，混凝土浇筑高低不平，止水钢板不起作用。

　　7）后浇带混凝土浇筑后，结构形成整体，结构内力重分配后，在整体结构薄弱位置产生应变开裂。

　　8）变形缝处防水措施或密封不到位。

　　9）外墙止水螺杆铁环片与螺杆焊接时焊缝不严密，或脱模过早打松了止水螺杆等。

3.4.2　渗漏控制技术应用

　　1. 混凝土性能控制技术

　　1）水池结构混凝土抗渗及其要求

　　本调蓄池主体结构采用的混凝土为高性能早强混凝土，强度等级为C40，抗渗等级为P8。

　　混凝土配合比设计宜采用绝对体积法，且应符合以下要求：

　　（1）水胶比应不大于0.5，胶凝材料用量应不小于320kg/m³。

　　（2）应选用具有较低水化热的高效减水剂和低碱的早强水泥，使两者匹配相容，以保证混凝土的坍落度，降低水胶比，以使混凝土体积稳定，减小收缩，尽量减少胶凝材料中的水泥用量，降低混凝土的温升。

　　（3）抗渗混凝土所用石子最大粒径不宜大于30mm，并不得大于泵管直径（125mm）的1/4，吸水率不应大于1.5%。不得使用碱活性骨料，所用的砂为中砂。

　　（4）抗渗混凝土掺入的粉煤灰的级别不低于二级，掺量不宜大于20%。

　　（5）抗渗混凝土中各类材料的总碱含量（Na_2O当量）不得大于3kg/m³。

　　（6）严格控制混凝土坍落度，防水混凝土采用预拌混凝土时，入泵坍落度宜控制在120~140mm，坍落度每小时损失不应大于20mm，坍落度总损失值不应大于40mm；当坍落度损失不能满足要求时，可加入原水胶比水泥砂浆或同品种减水剂搅拌，严禁加水。

　　2）混凝土配合比设计

　　依据《普通混凝土配合比设计规程》JGJ 55—2011以及《建筑施工计算手册》：

　　（1）混凝土配制强度计算：

$$f_{cu,0} \geqslant f_{cu,k} + 1.645\sigma$$

式中：σ——混凝土强度标准差（N/mm²），C25～C45 σ 取＝5.00（N/mm²）；

$f_{cu,0}$——混凝土配制强度（N/mm²）；

$f_{cu,k}$——混凝土立方体抗压强度标准值（N/mm²），取 $f_{cu,k}$＝40（N/mm²）。

经过计算得：$f_{cu,0}$＝40＋1.645×5.00＝48.23（N/mm²）。

（2）水胶比计算：

$$W/B = \frac{\alpha_a f_b}{f_{cu,0} + \alpha_a \alpha_b f_b}$$

式中：α_a，α_b——回归系数，由于粗骨料为碎石，根据《普通混凝土配合比设计规程》JGJ 55—2011 表 3.4-1 取 α_a＝0.53，取 α_b＝0.2。

回归系数 α_a，α_b 选用表　　　　表 3.4-1

系数＼粗骨料品种	碎石	卵石
α_a	0.53	0.49
α_b	0.2	0.13

f_b——水泥 28d 抗压强度实测值，取 46.725（N/mm²）。

经过计算得：W/B＝0.53×46.725/（48.23＋0.53×0.2×46.725）＝0.47。

抗渗混凝土除了满足上式以外，还应该满足表 3.4-2 的要求。

抗渗混凝土最大水胶比　　　　表 3.4-2

抗渗等级	最大水胶比	
	C20～C30 混凝土	C30 以上混凝土
P6	0.60	0.55
P8～P12	0.55	0.50
P12 以上	0.50	0.45

由于抗渗等级为 P8，采用 C40 混凝土，所以查表取水胶比 W/B＝0.5。

实际取水胶比 W/B＝0.47。

（3）用水量计算：

每立方米混凝土用水量应根据干硬性和塑性混凝土用水量确定：

① 水胶比在 0.40～0.80 范围时，根据粗骨料的品种、粒径及施工要求的混凝土拌合物稠度，其用水量按表 3.4-3、表 3.4-4 选取。

干硬性混凝土的用水量（kg/m³）　　　　表 3.4-3

拌合物稠度		卵石最大粒径(mm)			碎石最大粒径(mm)		
项目	指标	10	20	40	16	20	40
维勃稠度(s)	16～20	175	160	145	180	170	150
	11～15	180	165	150	185	175	160
	5～10	185	170	155	190	180	165

塑性混凝土的用水量（kg/m³）　　　　　　　　　　　表 3.4-4

拌合物稠度		卵石最大粒径(mm)				碎石最大粒径(mm)			
项目	指标	10	20	31.5	40	16	20	31.5	40
坍落度(mm)	10~30	190	170	160	150	200	185	175	165
	35~50	200	180	170	160	210	195	185	175
	55~70	210	190	180	170	220	205	195	185
	75~90	215	195	185	175	230	215	205	195

② 水胶比小于 0.40 的混凝土以及采用特殊成型工艺的混凝土用水量应通过试验确定。
流动性和大流动性混凝土的用水量宜按下列步骤计算：

① 以表 3.4-4 中坍落度 90mm 的用水量为基础，按坍落度每增大 20mm 用水量增加 5kg，计算出未掺外加剂时的混凝土的用水量为 220kg；

② 掺外加剂时的混凝土用水量可按下式计算：

$$m_{w0} = m'_{w0}(1-\beta)$$

式中：m_{w0}——掺外加剂混凝土每立方米混凝土用水量（kg）；

m'_{w0}——未掺外加剂时的混凝土的用水量（kg）；

β——外加剂的减水率，取 $\beta = 1.7\%$。

外加剂的减水率应经试验确定。

掺加 1.7% 的缓凝高效减水剂，减水率 $\delta = 22\%$，所以用水量取试验数据 $m_{w0} = 171.6kg$。

（4）胶凝材料、矿物掺合料和水泥用量计算：

每立方米混凝土的胶凝材料用量可按下式计算：

$$m_{b0} = \frac{m_{w0}}{W/B}$$

式中：m_{b0}——每立方米混凝土中胶凝材料用量（kg/m³）；

m_{w0}——每立方米混凝土的用水量（kg/m³）。

经计算可得，每立方米混凝土胶凝材料用量为 365.10kg。

每立方米混凝土的矿物掺合料用量可按下式计算：

$$m_{f0} = m_{b0}\beta_f$$

式中：β_f——矿物掺合料掺量（%）。

胶凝材料 28d 胶砂抗压强度：

$$f_b = \gamma_f \gamma_s f_{ce}$$

式中：f_{ce}——水泥 28d 胶砂抗压强度（MPa）；

f_b 已知取 46.725（N/mm²）；

γ_f、γ_s——粉煤灰影响系数和粒化高炉矿渣粉影响系数，可按表 3.4-5 取值。

同时，水泥 28d 胶砂抗压强度 f_{ce} 可按下式计算：

$$f_{ce} = \gamma_c f_{ce,g}$$

式中：γ_c——水泥强度等级值的富余系数，可按表 3.4-6 取值；

$f_{ce,g}$——水泥强度等级值（MPa）。

粉煤灰影响系数（γ_f）和粒化高炉矿渣粉影响系数（γ_s）

表 3.4-5

掺量种类	粉煤灰影响系数（γ_f）	粒化高炉矿渣粉影响系数（γ_s）
0	1.00	1.00
10	0.85～0.95	1.00
20	0.75～0.85	0.95～1.00
30	0.65～0.75	0.90～1.00
40	0.55～0.65	0.80～0.90
50	—	0.70～0.85

水泥强度等级值的富余系数

表 3.4-6

水泥强度等级值	32.5	42.5	52.5
富余系数	1.12	1.16	1.10

γ_c 取 1.16，可得水泥 28d 胶砂抗压强度 f_{ce} 为 49.3MPa；

计算可得矿物掺合料 β_f 为 10%。

每立方米抗渗混凝土的水泥和矿物掺合料总量不宜小于 320kg，实际取水泥用量为 328.59kg，矿物掺合料用量为 36.51kg。

（5）粗骨料和细骨料用量的计算：

合理砂率按表 3.4-7 确定。

混凝土的砂率（%）

表 3.4-7

水胶比（W/B）	卵石最大粒径（mm）			碎石最大粒径（mm）		
	10	20	40	16	20	40
0.40	26～32	25～31	34～30	30～35	29～34	27～32
0.50	30～35	29～34	28～33	33～38	32～37	30～35
0.60	33～38	32～37	31～36	36～41	35～40	33～38
0.70	36～41	35～40	34～39	39～44	38～43	36～41

根据水胶比为 0.47，粗骨料类型为碎石，粗骨料粒径 40mm，经查表 3.4-7，取合理砂率 $\beta_s = 31\%$。

粗骨料和细骨料用量的确定，采用体积法计算，计算公式如下：

$$\frac{m_{c0}}{\rho_c} + \frac{m_{g0}}{\rho_g} + \frac{m_{s0}}{\rho_s} + \frac{m_{w0}}{\rho_w} + 0.01\alpha = 1$$

$$\beta_s = \frac{m_{s0}}{m_{g0} + m_{s0}} \times 100\%$$

式中：m_{g0}——每立方米混凝土的基准粗骨料用量（kg）；

m_{s0}——每立方米混凝土的基准细骨料用量（kg）；

ρ_c——水泥密度（kg/m³），取 3000.00（kg/m³）；

ρ_g——粗骨料的表观密度（kg/m³），取 2650.00（kg/m³）；

ρ_s——细骨料的表观密度（kg/m³），取 2560.00（kg/m³）；

ρ_w——水密度（kg/m³），取 1000（kg/m³）；

α——混凝土的含气量百分数，取 $\alpha=1.00$；

以上两式联立，解得 $m_{g0}=1260.17$（kg），$m_{s0}=566.17$（kg）。

（6）混凝土配合比结论：

混凝土的基准配合比为水泥：矿物掺合料：砂：石子：水＝328.6：36.5：566：1260：171.6，或重量比为水泥：矿物掺合料：砂：石子：水＝1.00：0.11：1.72：3.83：0.52。

3）小结

在现场实际应用中，试验室已配制不同的配合比，并从经济、工作性能、质量等方面综合考虑择优选用，并应针对不同施工部位、不同评定方法给予适当调整。在配制过程中通过合理选择混凝土原材料，并通过技术组合实现降低混凝土单价成本，节约资源和保护环境的目的。本着因地制宜、就地取材的原则，选择品质最好的砂石骨料并优先选用人工骨料。选择与混凝土等级相适应的水泥品种及强度等级，选择与水泥相容性较强的外加剂及掺合料。待原材料相对固定后，利用技术手段对混凝土原材料实施最优比例的技术组合，进而实现混凝土配合比设计的经济及性能合理性。

2. 施工质量控制技术

1）止水螺杆

（1）规格要求

针对有防渗要求的混凝土水池结构，模板加固采用止水螺杆，一是保证墙体的宽度在受扰动时截面不受影响，二是通过在对拉螺杆上加止水片的方式，阻隔从内侧或外侧的渗透水渗入。要求如下：

调蓄池池壁选用 $\phi 14$ 圆钢粗制对拉止水螺杆，中间设置止水环，采用直径 30mm、厚度 4mm 的铁片作为止水环，止水环与螺杆满焊形成止水钢片，止水螺杆采用螺栓加撑头，在靠近止水片 1/2 墙厚处各焊接一长度 $L=20$mm 定位撑头，池壁后续工序施工前将止水螺杆两端采用切割机切除，止水螺杆为一次性耗材，不能周转使用，止水螺杆材料应有质量合格证和复试合格报告，如图 3.4-1 所示。

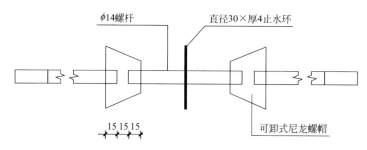

图 3.4-1 止水螺杆示意图

本工程全部采用 $\phi 14$ 国标止水螺杆，当墙厚为 200mm 时，止水螺杆为 $\phi 14 \times 800$；当墙厚为 250mm 时，止水螺杆为 $\phi 14 \times 850$；当墙厚为 300mm 时，止水螺杆为 $\phi 14 \times 900$；当墙厚为 350mm 时，止水螺杆为 $\phi 14 \times 950$；当墙厚为 400mm 时，止水螺杆为 $\phi 14 \times 1000$；当墙厚为 450mm 时，止水螺杆为 $\phi 14 \times 1100$；当墙厚为 500mm 时，止水螺杆为

$\phi14\times1300$；当墙厚为 600mm 时，止水螺杆为 $\phi14\times1600$。详见表 3.4-8。

止水螺杆规格选用表   表 3.4-8

序号项目	池壁厚度	止水螺杆规格
1	200mm	$\phi14\times800$
2	250mm	$\phi14\times850$
3	300mm	$\phi14\times900$
4	350mm	$\phi14\times950$
5	400mm	$\phi14\times1000$
6	450mm	$\phi14\times1100$
7	500mm	$\phi14\times1300$
8	600mm	$\phi14\times1600$

（2）技术要点

① 第一道止水螺栓距底板面高度 150mm，施工缝以下竖向两道止水螺杆，水平间距 450mm×450mm，墙模校正后必须与满堂轮扣式脚手架拉结牢固，柱模必须在施工前预先配制编号到现场安装，背楞用 50mm×70mm 木枋，间距 300mm。

② 控制池壁模板拆除时间，避免对止水螺杆造成扰动。

③ 池壁拆模后，将内衬垫块凿除，利用角磨机割除螺杆至基底，螺杆端头涂刷防锈漆，采用防水砂浆填塞并抹出突出外墙面 5mm 圆形灰饼，压实抹平。

④ 外侧涂刷防水涂料加强层，直径 100mm，厚度 1.5mm，且均匀饱满。

如图 3.4-2～图 3.4-4 所示。

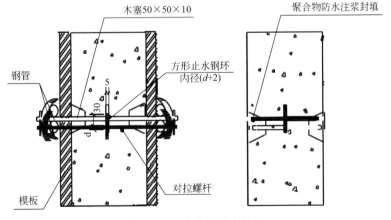

图 3.4-2　止水螺杆布置图

2）跳仓施工

（1）概况

机场河调蓄池结构长 156.2m，宽 103.4m，梁板墙结构混凝土均为 C40，经与类似工程比较，本工程特别适合使用跳仓法施工技术。经与建设单位、监理单位协商沟通，均一

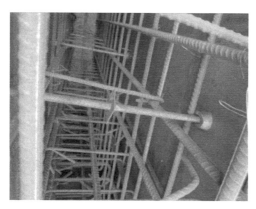
图 3.4-3　止水螺杆现场施工图

图 3.4-4　止水螺杆螺杆洞封堵

致同意采用该技术。依据《大体积混凝土施工标准》GB 50496—2018 规定：

① 长大体积混凝土施工可选用跳仓法施工，控制结构不出现有害裂缝。

② 跳仓的最大分块尺寸不宜大于 40m，跳仓间隔施工的时间不宜小于 7d，跳仓接缝处按施工缝的要求设置和处理。

（2）跳仓施工原理

跳仓法施工的原理是基于"混凝土的开裂是一个涉及设计、施工、材料、环境及管理等的综合性问题，必须采取'抗'与'放'相结合的综合措施来预防"。"跳仓施工方法"虽然叫"跳仓法"，但同时注意的是'抗'与'放'两个方面。

"放"的原理是基于目前在工民建混凝土结构中，胶凝材料（水泥）水化放热速率较快，1～3d 达到峰值，以后迅速下降，经过 7～14d 接近环境温度的特点，通过对现场施工进度、流水、场地的合理安排，先将超长结构划分为若干仓，相邻仓混凝土需要间隔 7d 后才能浇筑相连，通过跳仓间隔释放混凝土前期大部分温度变形与干燥收缩变形引起的约束应力。"放"的措施还包括初凝后多次细致的压光抹平，消除混凝土塑性阶段由大数量级的塑性收缩而产生的原始缺陷；浇筑后及时保温、保湿养护，让混凝土缓慢降温、缓慢干燥，从而利用混凝土的松弛性能，减小叠加应力。

"抗"的基本原则是在不增加胶凝材料用量的基础上，尽量提高混凝土的抗拉强度，主要从控制混凝土原材料性能、优化混凝土配合比入手，包括控制骨料粒径、级配与含泥量，尽量减少胶凝材料用量与用水量，控制混凝土入模温度与入模坍落度，以及混凝土"好好打"保证混凝土的均质密实等方面。"抗"的措施还包括加强构造配筋，尤其是板角处的放射筋与大梁中的腰筋。结构整体封仓后，以混凝土本身的抗拉强度抵抗后期的收缩应力，整个过程"先放后抗"，最后"以抗为主"。超长结构使用跳仓法施工既能取消后浇带，又能起到控制有害裂缝的作用。

（3）施工部署

本工程以调蓄池结构设计图纸后浇带一侧为施工缝，划分为 6 个施工段、24 个仓区，具体划分与施工顺序详见图 3.4-5。每次混凝土浇筑施工斜向 3 个仓，相邻仓浇筑时间间隔不少于 7d，依次按顺序完成整个地下调蓄池结构施工。

根据结构设计图纸，地上结构相互独立，可各自独立施工；调蓄池各自按加强带划分

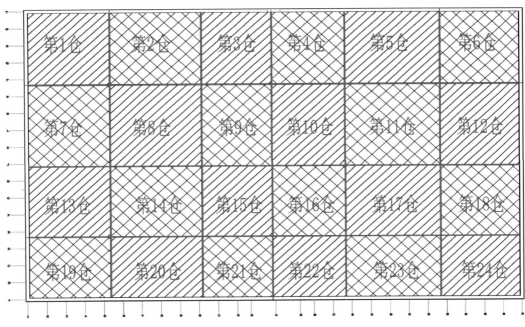

图 3.4-5 调蓄池跳仓区段划分施工平面图

各施工区段。调蓄池外墙及内隔墙水平施工缝留置于底板顶面以上 300mm 处，顶板下表面以下 300mm 处，并增加 3mm 厚止水钢板。底板混凝土浇筑主要采用混凝土输送泵（汽车泵和车载泵相结合），要求按计划对各仓段混凝土一次连续浇筑完成。

（4）基础底板跳仓施工顺序

以本工程调蓄池基础结构设计图纸中加强带一侧边为施工缝进行仓位划分，共 12 道施工缝，将调蓄池基础、墙板与顶板划分 24 个区段仓，根据相邻仓 7d 后才可连成整体的原则与现场进度计划，基础底板共分 8 次浇筑，每个仓的编号详见图 3.4-5。施工顺序如表 3.4-9 所示。

跳仓施工顺序 表 3.4-9

施工顺序	
第一阶段	第 1 仓→第 8 仓→第 3 仓
第二阶段	第 7 仓→第 2 仓→第 9 仓
第三阶段	第 4 仓→第 11 仓→第 6 仓
第四阶段	第 10 仓→第 5 仓→第 12 仓
第五阶段	第 13 仓→第 20 仓→第 15 仓
第六阶段	第 19 仓→第 14 仓→第 21 仓
第七阶段	第 16 仓→第 23 仓→第 18 仓
第八阶段	第 22 仓→第 17 仓→第 24 仓

（5）混凝土施工

施工过程中必须注意尽早采用保温保湿的养护措施，严格进行二次压光，随裂随压，现场严格控制混凝土的水胶比及坍落度，不应现场加水，不得在雨中浇灌混凝土，注意现场防风及太阳直射。

① 现场施工平面布置与交通运输

施工平面布置详见本工程基础阶段施工平面布置图，具体施工时还应明确固定泵与汽车泵位置、泵管布置、混凝土输送车场内路线，尤其是浇筑块较多时，要做好现场施工平面与运输布置工作，加快施工进度以减小坍落度损失。

浇筑过程中要在楼板周围用彩条布密封，密封高度为3~4m，防止风吹。

② 凝土浇筑施工流程

在混凝土浇筑前，应先将基层和模板浇水湿透，如果没有浇水或浇水不够，则模板吸水量大，干燥模板将过多吸收混凝土拌合物中的水分，将引起混凝土的塑性收缩，产生裂缝。

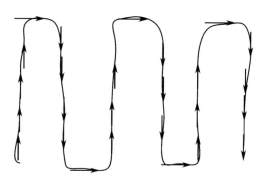

图3.4-6　每仓浇筑流程示意图

整体浇筑方向为沿浇筑块的长边从一头向另一头推进，从而便于喷雾养护、第一次收光覆盖、第二次收光覆盖的流水衔接。每跨浇筑时从梁柱节点处或预应力张拉加腋处开始下料，斜面分层向两头推进，推进至梁跨中间部位后再把下料口移到梁柱节点处（此种浇筑方式可利用汽车泵实现，固定泵较难实现），如图3.4-6所示。

跳仓缝处振捣要小心细致，不要碰坏收口网，振捣细致可保证混凝土与收口网的粘结质量。注意浇筑速度与安排，避免出现施工冷缝。

③ 振捣、收光与养护

梁、梁柱节点处要求振捣密实，板要求振捣均匀。

要求在混凝土入模后用刮杆刮平后开始喷雾养护，在混凝土初凝前后进行第一遍人工压抹、收光工作，边压抹、收光，边覆盖薄膜；在混凝土终凝前后进行第二遍人工压抹、收光与抹光机收光工作，做到"掀一块、收一块"，收光完毕后立刻重新覆盖薄膜与土工布。喷雾养护21d，养护过程若遇较大暴雨需在板面铺设麻袋，避免形成较大的水流冲刷楼面造成过快降温。

3. 特殊部位处理（变形缝、加强带、格构柱）

1）变形缝

（1）难点分析

对于超过一定长度的水池，受地基不均匀沉降影响，应力容易在跨中集中，形成较大弯矩，设置贯通变形缝可有效减轻墙体受压或受拉产生裂缝的情况。同时由于变形缝两侧板及池壁可能会发生相对位移，且易受到挤压、拉伸、剪切等作用进而导致变形缝，在实际使用中成为防渗漏薄弱点。

（2）原因分析

① 止水带接头搭接粘结不好，呈脱落或半脱落状态，不能形成封闭的防水圈；

② 止水带位于变形缝的中间部位，硬物击穿；

③ 混凝土配合比不当，收缩系数大，导致止水带翼缘的混凝土包裹不严；

④ 混凝土由于振捣不密实，与止水带留有空隙；

⑤ 止水带浇筑工程中，被扰动挤偏，起不到止水变形的作用。

（3）技术要点

本工程变形缝宽3cm，将调蓄池整体一分为二，贯通底板、池壁、顶板，采用中埋式钢边橡胶止水带作为主要止水构件，变形缝封堵采用聚硫密封胶、预埋注浆管的方式进行渗漏处理，同时变形缝外设接水盒进行导流。

变形缝一般为防水构件薄弱环节，施工时需注意：①为了防止变形缝处漏水，止水带安装时特别注意防止破损，采取可靠的方式固定，使用C20预应力卡环与箍筋焊接，让卡环搭接部分张开以后产生的预应力将橡胶止水带夹住；②同时尽量减少止水带接头，在确需采用接头时，需要安排专业人员进行接头粘结，以保证接头质量；③注意将止水带表面清理干净，浇筑混凝土时，加强止水带周围，特别是止水带下部的混凝土振捣密实，保证混凝土与止水带的粘结性；④注浆管预埋后不得进行扰动，确保注浆管通畅；⑤接水盒与混凝土结构之间设置垫板，防止出现接水盒与结构间连接不紧密，存在缝隙，如图3.4-7、图3.4-8所示。

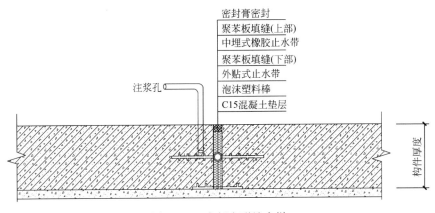

图 3.4-7 底板变形缝大样

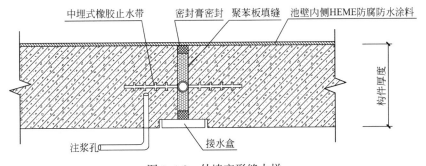

图 3.4-8 外墙变形缝大样

（4）小结

本工程在施工过程中采用在变形缝处预埋注浆和设置接水盒的方式，进行堵排结合，从而有效阻止了后期由于止水带被破坏或失去止水效果导致的渗漏。同时要做好排水措施，防止因雨水造成的事故，保证施工顺利进行。其中主要止水结构橡胶止水带的施工质量更是重中之重，必须确保从材料到施工的各环节均处于可控状态。

2）加强带

（1）技术要点

常规留置后浇带分次浇筑，工序繁多，时间跨度长，施工成本高，极易在新老混凝土的连接处产生裂缝，防渗效果差。本工程为大型调蓄水池结构，采用膨胀加强带替代后浇带。膨胀加强带具有不收缩特性，且随着时间的推移，有一定的自由膨胀量。施工工艺简单，可以加快进度，节约成本，对施工人员的专业化程度要求也相对较低。膨胀加强带实现了结构自防水，取消了外防水措施，可以在一定程度上降低成本、缩短工期，而且没有后浇带施工可能填缝不好而留下的渗漏隐患，取得了良好的社会经济效应。

本工程采用间歇式膨胀加强带设置方式，膨胀加强带宽 2m，沿水池底板、墙壁、顶板贯通布置，在加强带处钢筋连续贯穿不断开，膨胀加强带混凝土比两侧高一个等级，因此用钢丝网隔离。间歇式膨胀加强带施工时，先浇筑带外一侧混凝土并留设施工缝，施工缝中部预埋 300mm×3mm 止水钢板。另一侧设置一层孔径 10mm×10mm 的钢丝网，垂直布置在上下层钢筋之间，并绑扎在钢筋上，不得松动，以免浇筑混凝土时被冲开，引起两种混凝土混合，影响加强带的效果。待间隔时间不少于 7d 后，再同时浇筑加强带和带外另一侧混凝土，如图 3.4-9 所示。

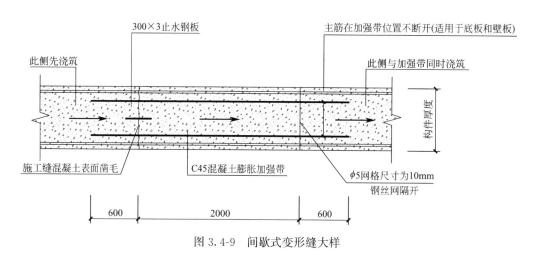

图 3.4-9　间歇式变形缝大样

（2）小结

由于采用膨胀加强带代替后浇带施工，混凝土可以整体连续施工，减少二次支模、二次浇筑、后期钢筋除锈、施工缝凿毛等各种人力物力资源的投入，既省时又省力，同时也缩短了工期，降低了成本。本工程采用膨胀加强带代替后浇带施工，不仅达到了水池设计抗渗要求，而且也没有后浇带分次浇筑施工可能填缝不好留下的渗漏隐患，抗渗效果比较好。在池壁、底板、顶板混凝土浇筑过程中，运用膨胀加强带代替留置后浇带的施工方法，通过闭水试验，水池各项指标达到了设计要求，达到了经济、社会效益最大化的目的。

3）格构柱

（1）重难点分析

格构柱作为基坑支撑体系中的一部分，在实际应用中具有良好的便捷性、经济性、适用性。格构柱支撑作用于主体结构施工的全过程，不可避免地与主体结构交叉，在结构主体施工完毕并换撑后，构造柱方可拆除。在底板施工过程中，由于钢格构柱为后期顶板施工完成后拆除，所以底板与钢格构柱交界处便成为结构薄弱点，易产生渗漏。采用钢格构柱满焊止水钢板结构，可以构建起格构柱全封闭式止水钢板，起到较强的止水效果。但由于格构柱为薄壁结构，进行封闭式止水钢板焊接时，操作空间有限，易导致焊接不饱满，从而留下渗漏隐患。

（2）技术要点

底板钢筋与型钢格构柱相交时，为防止在现浇底板与格构柱处出现渗水现象，需将底板区域内格构柱内的混凝土全部凿除，并对格构柱进行除锈处理。

在凿除混凝土芯时，为提高混凝土凿除速度，可去除部分缀板（为确保格构柱稳定性，严禁同时去除同一标高处缀板）以便于进行混凝土凿除作业，在钢立柱内部凿除后须立即将去除的缀板恢复。

凿除混凝土之后，在格构柱外面一圈焊接止水钢板，格构柱芯内满焊止水钢板，止水钢板厚度 3mm，宽度超出格构柱板面 50mm，止水钢板与格构柱板面之间必须满焊，严禁点焊。止水钢板高度为底板厚度的中间部位。

地下室格构柱止水钢板处混凝土需进行两次浇筑，在进行第一次浇筑时，需要预埋尺寸 300mm×3mm 的钢板，并让其露出约 10cm。接着进行第二次浇筑，将外露的钢板一同做浇筑工作，从而防止外压渗进。最后焊接钢板，注意钢板拐角部位要连接好，不可出现扭曲情况，如图 3.4-10、图 3.4-11 所示。

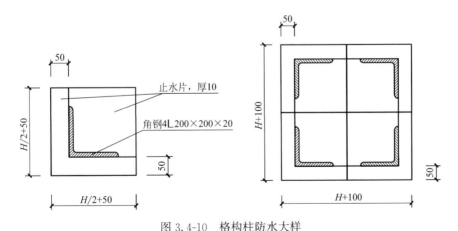

图 3.4-10 格构柱防水大样

（3）小结

封闭式的止水钢板不仅大大提高了格构柱的止水效果，操作切实可行，可节省钢材，降低施工成本，提高作业效率，显著减少工期。同时止水钢板焊接需要严格控制焊缝的质量，保证焊缝饱满无缝隙。本工程格构柱采用该封闭式止水钢板之后，底板与格构柱交接处未出现明显渗漏。

图 3.4-11　格构柱防水成型效果

3.5　大型调蓄池功能性试验关键技术

3.5.1　实施特点及难度

黄孝河 CSO 调蓄池场地位于武汉市江岸区，其东南侧为黄孝河排水走廊，西侧为建设大道，北侧为和谐大道，前段有黄孝河明渠至黄孝河 CSO 调蓄池的低位箱涵，调蓄池规模 25 万 m^3。设计容量大，满水试验需考虑诸多条件，如水源、进水路径等，实施难度极大。

根据类似项目调研，此类型体量巨大调蓄池的满水试验多采用自来水进行试验，以体量 10 万 m^3 的调蓄池为例，由于中心城区自来水供不应求，往往需异地水车调水，试验费用近百万，同时试验时间难以控制。况且黄孝河 CSO 调蓄池设计容量 25 万 m^3，采用异地调运自来水实施难度极大。如南湖某水环境项目，强行将调蓄池投入运行，试图规避满水试验这一规范强条，最终导致项目久久不能竣工验收，后期项目结算、索赔等风险巨大。

因此，如何低成本、短时间内迅速完成满水试验，已成为制约黄孝河 CSO 调蓄池单位工程顺利竣工验收关键前置障碍。

3.5.2　解决思路

黄孝河 CSO 调蓄池满水试验采用"污水应用＋内渗法检查渗漏点＋调整防腐材料＋虹吸输水"等方法，成功解决了满水试验水源点及水源输送等关键问题，探寻出了大型调蓄池满水试验新的技术方案。本节将详细介绍内渗法及虹吸输水实施方案。

1. 污水应用

项目技术人员全面分析类似已施、在施工程实际情况，并经行业专家咨询、设计协调找到问题核心点。其核心点在于：（1）常规水源（自来水）费用高且难以实施，如何就近使用黄孝河明渠水源，需征得设计、质监站等各方同意；（2）明渠水源含有一定污染物，满水试验后防水防腐工程难以施工，因此需更换防腐材料，提前进行防腐施工。

针对以上两个核心点，项目通过类似案例收集，同时咨询行业相关专家，确定满水试验新方案：（1）调整内防腐材料形式（原设计为 HEME 防腐涂料，调整为水泥基渗透结晶防腐材料），在堵漏完成并经验收后，先行施工内防腐，后进行满水试验；（2）可采用黄孝河明渠内水源进行试验，但需做好相关对接工作，以免影响下游泵站、污水处理厂的运行；（3）内外联动，确定进水时机。经沟通，各方同意在降雨期间将黄孝河明渠水引至调蓄池前端低位箱涵进行试验。

2. 内渗法

内渗法即测量调蓄池外部环境的水从池外渗到池内的渗水量，以查找渗漏点及渗漏量。

黄孝河 CSO 调蓄池采用双排钻孔灌注桩支护，支护桩之间施打高压旋喷桩及 CSM 工法桩进行加固、止水。支护桩及池壁之间为 2m 宽肥槽，向肥槽灌水，在调蓄池内观察池壁渗漏情况，可快速找到渗漏点并及时处理。

3. 虹吸进水方式

根据调蓄池特点，采用逐仓满水试验的方式，试验顺序为 A 池、B 池、C 池。设置两种虹吸进水方式，即明渠—池体虹吸进水和池体—池体虹吸进水。

1）虹吸原理及使用条件

虹吸现象是液态分子间引力与位能差所造成的，即利用水柱压力差，使水上升后再流到低处。由于管口水面承受不同的大气压力，水会由压力大的一边流向压力小的一边，直到两边的大气压力相等，容器内的水面变成相同的高度，水就会停止流动。液体流入管内后，越往上压力就越低。如果液体上升的管子很高，压力会降低到使管内产生气泡（由空气或其他成分的气体构成），虹吸管的作用高度就是由气泡的生成而决定的。因为气泡会使液体断开，气泡两端的气体分子之间的作用力减至零，从而破坏虹吸作用。

利用虹吸原理必须满足三个条件：（1）管内先充满液体；（2）管的最高点距上容器的水面高度不得高于大气压支持的水柱高度（10m）；（3）出水口必须比进水口水面低。这样使得出水口液体受到向下的压强（大气压加水的压强）大于向上的大气压，保证水的流出。

2）设计计算

以明渠-池体虹吸管道设计计算为例。

（1）基本计算参数

如图 3.5-1 所示。

以上游进水面为基准面，基准面至顶部弯管中心线的高差为 Z_s，对基准断面 A 及外坡坝顶弯头前 B 断面列能量方程：

$$0 + P_0/\gamma + a_1 v_1^2/2g = Z_s + P_B/\gamma + a_2 v_2^2/2g + (\lambda L/D + \sum \zeta_b) v_2^2/2g$$

式中：$\sum \zeta_b$——虹吸管进口至 B 断面的局部水头损失系数之和。

$a_1 v_1^2/2g$ 取 0；a_2 取 1；

则可简化为 $(P_0 - P_B)/\gamma = Z_s + (1 + \lambda L/D + \sum \zeta_B) v_2^2/2g$。

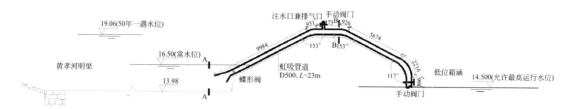

图 3.5-1　渠-池虹吸管道布置剖面图

要求管内真空值不大于某一值，即 $(P_0-P_B)/\gamma \leqslant H_V$，式中 H_V 为允许真空值。

因为当压强接近某温度下的蒸气压力时，水将发生汽化，在水流中就会形成气泡，影响和破坏水流的连续性，降低出水流量甚至断流，本书取 $H_V=7$m。

进水面高程 $Z_1=16.500$m；出水口高程 $Z_2=14.500$m；进出口水位差 $Z=Z_1-Z_2=2$m；管道长度 $L_1=9.984$m；$L_2=2.173$m；$L_3=5.674$m；$L_4=0.998$m；弯管长度 $L_5=0.951$m；$L_6=0.926$m；$L_7=2.216$m；管道总长度 $L=23$m；弯管角度 153°、117°；管道材质钢管；管道粗糙系数 $n=0.011$。

在要求的流量情况下，可采用经济管径的选择办法选择管径，一般情况，当 $Q<120$m³/h 时，管径为 $D=13\sqrt{Q}$；当 $Q>120$m³/h 时，管径为 $D=11.5\sqrt{Q}$，管径以"mm"计。设计注水流量希望不小于 1500m³/h，得出管径 $D \approx 446$mm，本书取 $D=500$mm，则管道断面面积 $A=0.1963$m²。为使管壁在工作时具有承受负压的稳定性，根据管径与管壁厚度的比值选取，按一般安全要求 $g/D \geqslant 1/130$，得 $g \geqslant 3.84$mm，本方案取壁厚 $g=5$mm。

（2）水头损失

① 沿程水头损失：

水力半径 $R=D/4=0.125$m，由曼宁公式得谢才系数 $C=R^{1/6}/n=64.28$

则沿程阻力系数 $\lambda=8g/C^2=0.019$。

② 局部水头损失：

如表 3.5-1 所示。

不同位置水头损失系数　　　　　　　　　表 3.5-1

类型	进口	出口	弯管 α_1	弯管 α_2	弯管 α_3	蝶形阀	截止阀	滤水网	其他
参数	喇叭口（中间值）	自由出流	153°	153°	117°	有	有	无	
ξ 值	0.03	0	0.21	0.21	0.19	0.075	5	0	0.73

则各段管局部阻力系数之和 $\sum\xi_j=0.03+0.17+0.17+5+0.73=6.445$，

管道系统的流量系数 $\mu_c=1/\sqrt{(\lambda L/D+\sum\zeta_j)}=0.349$。

（3）输水能力计算

输水能力 $Q=\mu_c A(2gZ)^{0.5}=0.43$m³/s=1548m³/h，

此时流速 $v=Q/A=2.19$m/s。

（4）安装高度复核计算

B-B断面前管道总长：

$$L_b = L_1 + L_2 + L_3 + L_4 = 9.984\text{m} + 2.173\text{m} + 5.674\text{m} + 0.998\text{m} = 18.829\text{m}$$

B-B断面前 $\sum \xi_b = 0.03 + 0.21 + 0.075 = 0.315$

$$Z_s \leqslant h_v - (\alpha + \lambda L_b/D + \sum \zeta_b) \times v^2/2g = 6.5\text{m}$$

式中： $\sum \zeta_b$——B-B断面之前管道阻力系数之和；

Z_s——虹吸管安装高度，即上游进水水面与虹吸管最高点中心线的高差。

故虹吸管最高点中心线与上游水面高差应满足 $Z_s \leqslant 6.5\text{m}$。

（5）其他要求

虹吸管是靠进出口之间的水位差驱动水流的。这个水位差一般都比较有限，因此，设计中虹吸管各段连接应力求流畅，弯管圆滑，以减少局部水头损失，也就是说在构造上力求使局部损失系数最小。在满足需要的情况下，管内壁要光洁，弯管圆滑平顺，曲率半径不宜过小，管路总长度也力求短些。

虹吸管在负压条件下工作，这就要求管路要具有较高的密封性，不能漏气。为此，一般尽量减少法兰盘连接，特别是处于上部的管段。如果是现场焊管，对焊接缝要严格检验或通过打压试验检测。

3）虹吸进水新技术

（1）在进水渠与调蓄池之间设置虹吸管道，并在虹吸管道的顶端设置用于注水或排气的气液交换口，以保证虹吸管道内形成负压环境，进水渠内的水进而在虹吸作用下引流至调蓄池内，成本低且输送速度快。

（2）通过在虹吸管道的进水端设置滤网，能有效防止水中杂物进入管道，且在滤网的外端设置网兜，网兜能够避免较大杂物因虹吸作用在滤网外侧堆积，影响管道进水，也能将进入网兜内的较小杂物收集后由作业人员定时将网兜取出进行清理。此外，网兜通过绑带与虹吸管道固定，便于作业人员在岸上快速拆下网兜以及快速将网兜对位固定于虹吸管道的进水端。

（3）在虹吸管道顶端、转弯处等位置设置固定装置，防止其在工作时错位或者松脱。此外，固定装置采用具有 V 形槽的上压板与下压板，能够适用于不同口径的虹吸管道，且通过手轮驱动螺杆转动，方便作业人员将虹吸管道快速放入或取出。

3.5.3 小结

本节以黄孝河 CSO 调蓄池满水试验为例，结合项目实际特点采用内渗法检查侧壁渗漏点、就近选取满水试验水源及采用虹吸方式输水等方式，也为华中地区大型调蓄池满水试验首例，此方案的顺利应用，取得如下成效：

（1）为黄机项目的快速推进奠定基础，确保常青 CSO、机场河 CSO 调蓄池满水试验快速开展。

（2）采用此方案进行满水试验，节约工期 20d，有效保障了竣工验收节点，同时显著降低试验的取水成本。

（3）通过前期多番调研、分析及研讨，形成了龙吸及虹吸进水、防腐新材料等一系列新工艺、新方案，可为后期项目实施提供有益借鉴和多方案选择。

本章参考文献

［1］詹炳根，郭建雷，林兴胜．玻璃纤维增强泡沫混凝土性能试验研究［J］．合肥工业大学学报（自然科学版），2009，32（2）：226-229.

［2］张艳锋．聚丙烯纤维增强粉煤灰泡沫混凝土的工艺研究［D］．西安：长安大学，2007.

［3］陈兵，刘睫．纤维增强泡沫混凝土性能试验研究［J］．建筑材料学报，2010，13（3）：286-290，340.

［4］王秀丽，潘旭宾，吴征．稻草纤维增强泡沫混凝土物理力学性能试验研究［J］．土木与环境工程学报（中英文）：2024，46（3）：1-10.

［5］张勤．后注浆对桩基承载力的提高作用［J］．城市建设理论研究：电子版，2012（36）.

［6］程江苏．劲性复合桩在地基基础领域的应用［J］．建筑工程技术与设计，2017，000（5）：1424，1989.

［7］林江镇．劲性复合桩在软土地基中的应用分析［J］．福建交通科技，2022（7）：19-21，78.

4 设备安装篇

4.1 设备总体要求

设备安装应按照先上后下，先内后外，先平台后地面，先一般后精密，先难后易的程序进行，再结合具体情况合理安排。

1) 施工前，对施工人员进行安全教育，确保施工安全。

2) 需明确工作内容，阅读施工方案，并准备好施工图纸及设计变更。

3) 施工场地平整，达到"四通一平"，施工用水、电达到使用条件。

4) 安装设备的施工场地与其他正在施工的系统有可靠的隔离或隔绝。

5) 有零部件、工具及施工材料等存放场地。

6) 设备开箱检验完毕，设备及零部件齐全完好，合格证、说明书齐全。

7) 设备基础表面和地脚螺栓孔中的油污、碎石、泥土、积水等均应清除干净，放置垫铁部位的表面应凿平。设备基础尺寸和位置的允许偏差，如表 4.1-1 所示。

设备基础尺寸和位置的允许偏差   表 4.1-1

检测项目		允许偏差
纵、横轴线		±10mm
不同平面的标高		−10mm
平面外形尺寸		±10mm
预埋地脚螺栓孔	中心位置	±10mm
	深度	±20mm
	铅垂度(m)	±1mm

4.2 调蓄池设备

CSO 调蓄池内的设备相对较少，主要是进水、出水和冲洗。其中关键系统为冲洗系统，若不能进行有效的冲洗，池底出现淤积，清洗难度非常大，且淤积的污泥厌氧发酵也会释放有毒有害气体，危害人体，其中厌氧发酵产生的甲烷为易燃易爆气体，为运营带来巨大风险。庞大的 CSO 调蓄池，为了保证其正常工作，正常发挥其作用，每次蓄水结束后对池体的冲刷至关重要，需要采取冲洗效果好、自动化程度高的冲洗工艺。

4.2.1 冲洗设备

1. 设备选型

调蓄池的冲洗方式有多种，如水力冲洗翻斗、潜水搅拌器、门式冲洗、智能喷射器冲洗、真空冲洗等，目前使用较多是真空冲洗系统、门式冲洗系统、智能喷射器冲洗系统等。几种常用的冲洗系统介绍和比选如表 4.2-1 所示。

常用的冲洗系统介绍和比选表

表 4.2-1

方案选择	智能喷射器冲洗	门式冲洗	真空冲洗	水力冲洗翻斗
冲洗效果	很好	好	较好	好
冲洗长度	最长 30m	最长 200m	最长 400m	最长 100m
动力系统	电力驱动	机械驱动	电力驱动	水力驱动
设备位置	安装在调蓄池底部，长期浸没污水环境	安装在调蓄池底部，长期浸没污水环境	安装在调蓄池外，调蓄池内无转动设备，无需维护	安装在调蓄池顶部
存水室密封	无需建存水室	存水室闭水试验	对存水室气密性要求较高	无需建存水室
适用池型	各种池型的调蓄池，布置灵活	矩形	矩形或圆形	矩形
能耗	很高	很低	较低	较高
维护检修	需入池检修，池底安装，泥砂含量大，容易磨损出现故障	需入池检修，建议每1~2年检查液压油，根据实际情况，每3~5年进行更换	无需入池检修，只需在池外每年定期巡检维护	需入池检修，设备位于池壁上沿，不易接近
环境影响	冲洗过程中泵和水流噪声，无外散气体	冲洗门开启瞬间及冲洗过程水流噪声，无外散气体	真空泵持续运行及冲洗噪声，需考虑臭气处理	集水斗蓄水及冲洗过程水流噪声，无外散气体
主要优点	无需建冲洗储水池，260°旋转冲洗，自动化程度高，有曝气作用，可减少池内异味，冲洗效果相对最好	自动冲洗，无需外动力，无需外部供水，冲洗波强度大冲洗效果好	自动冲洗，设备位于水面上方，维护方便	自动冲洗，设备位于水面上方，无需电力或机械驱动，冲洗效果好
主要缺点	设备位于水下，对设备防腐防爆等技术要求高	设备位于水下件维护不便	设备投资高，须建储水池，对储水室土建施工密封要求高，真空打开时产生较大音爆，噪声扰民	更多地应用于敞开型调蓄池（地面调蓄池），投资高

喷射器和普通清洗设备在清洗原理上有本质的区别，喷射器集搅拌和喷射于一体。搅拌功能可避免池内污染物沉淀，大部分污染物在悬浮状态就已被排空泵排出池体，避免待污染物沉淀后再冲刷，从而降低冲洗难度，并提高冲洗效果。喷射器还具备强力冲洗功

能，冲刷水柱由水汽混合而成，除了可对地面持续冲洗以外，还可以实现多台设备联动工作，创造"1+1＞2"的叠加效果。

门式冲洗装置的冲洗力非常强大，对厚达 0.4m 的积泥一次冲洗即实现了清除，这是传统冲洗方式所无法做到的。门式冲洗方式优点是无需电力或机械驱动，无需外部供水，控制系统简单，单个冲洗波的冲洗距离长，调节灵活，手动、电动均可控制，即使在部分充水情况下，也可通过手动控制进行冲洗，运行成本低、使用效率高。

综合考虑，为了充分发挥调蓄池及调蓄池冲洗设备的最大作用，将调蓄池分隔成多个蓄水室，这样污染物相对集中，有利于清洗。此外，针对不同雨情可调整对整体调蓄池的利用，更有效地利用空间，并降低能耗。配合调蓄池的分隔，在利用率较高，且储存水质最差的蓄水室中，采用冲洗效果最有保证的智能喷射器作为冲洗设备；在后续利用率较低，且储存水质相对较好的蓄水室中，使用较为安全可靠且使用最为普遍的门式冲洗。

2. 喷射器安装

1) 安装前准备

(1) 检查设备的规格、性能是否符合图纸及标书要求，检查设备说明书、合格证和设备试验报告是否齐全。

(2) 检查设备外表，如喷嘴、管路等是否受损变形，零部件是否齐全完好。复测土建工程的标高是否满足设计图纸要求，以及检查所有的埋件留孔要求是否符合安装条件。

2) 喷射器的安装

(1) 喷射器安装要垂直同心，尾管可用卡子固定在槽钢支架上，吸气口方位可根据实际情况而定，但应保证较充分地吸入新鲜空气。

(2) 喷射器的找正找平

① 找正与找平应在同一平面内互成直角的两个或两个以上的方向进行，同时应根据要求用垫铁调整标高精度，不应用紧固和放松地脚螺栓及局部加压等方法进行调整；

② 电动机轴与喷射器之间的径向位移、端面间隙、轴线倾斜均应符合设备技术文件的要求，当无规定时，应符合国家现行标准的规定。

(3) 喷射器的安装角度要与工艺图纸相对应，安装示意图如图 4.2-1 所示。

3. 冲洗门安装

冲洗门框架采用不锈钢 304 的化学螺栓，锚固在结构墙体。

安装固定门板的门框，门框设置在挡水板上，门框的内侧开口与冲水口重合。门框的顶部设有铰链，门板能够沿着门框上方的铰链转动；底部设有转轴，通过液压油缸的转臂控制其转动；转轴上设有钩子，用于钩住门板的底部，使门板与门框之间压紧。

1) 止水橡皮安装后，两侧止水中心距和顶止水中心至底止水底缘距离的允许偏差为3mm，止水表面的平面度宜为2mm；止水橡皮的压缩量应符合图样尺寸规定。

2) 平面闸门应做静平衡试验，其倾斜不应超过门高的 1‰，且不大于 8mm。

冲洗门安装示意图如图 4.2-2 所示。

4. 设备调试

1) 调试前准备

(1) 对安装工作已结束部分的现场各构筑物进行检查、清扫、整理，彻底清除堆积泥砂、杂物等，对池体、水下设备进行重点检测。

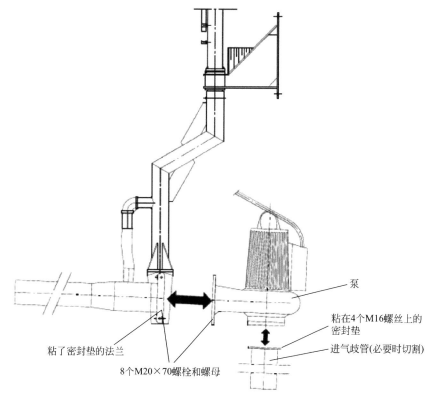

图 4.2-1 喷射器安装示意图

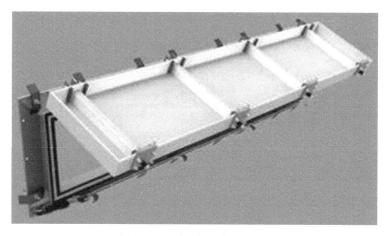

图 4.2-2 冲洗门安装示意图

（2）对已安装完毕的设备、控制柜清理灰尘，传动部分加注润滑油等。

（3）电动机的转向应与泵的转向相符。

（4）各固定连接部位应无松动；各指示仪表、安全保护装置及电控装置均应灵敏、准确；盘车应灵活、无异常现象。

2）喷射器调试

运行 1h，启停 3 次以上，喷射器旋转应正常，无异响、卡顿，轴温正常；检查旋转角度、喷射范围满足设计要求；冲洗管上的喷嘴压力正常，水管无漏水现象。

3）冲洗门调试

检查冲洗门水密闭性，冲洗室应在闸门关闭时注满水，不应发生漏水。

在启动液压动力单元和调整闸门系统功率之前，请将压力螺钉上的压力调整到最小压力。液压动力单元的控制开关必须切换到手动位置，重复多次操作，闸门应正确启闭。

4.2.2 粗格栅

1. 设备选型

进水粗格栅是第一道预处理设施，可去除大尺寸的漂浮物和悬浮物，以保护进水泵的正常运转，并尽量去掉那些不利于后续处理的杂物，一般常用格栅选型如表 4.2-2 所示。

常用格栅选型表　　　　表 4.2-2

方案选择	回转式格栅	钢丝绳式格栅除污机	高链式格栅除污机	粉碎型格栅	移动抓斗式格栅除污机
组成结构	驱动机构、主轴、链轮、牵引链、齿耙、过力矩保护装置和机架	除渣耙斗、提升部件、除污推杆、控制部件、机架、地面支架、栅条	驱动机构、机架、导轨、齿耙和卸污装置	驱动机构、粉碎机构、格栅部分	抓斗装置、龙门式桁车、导轨及水下格栅
拦渣类型	小型悬浮物	大型悬浮物	大型、小型悬浮物	小型悬浮物	大型、小型悬浮物
水渠深度	较浅	深浅均适用	较浅	较浅	深浅均适用
安装空间	较小	较小	较小	较小	较大
主要优点	结构紧凑、运转平稳、工作可靠、不易出现齿耙插入不准的情况	栅体可垂直安装而不影响除污效果，能直接挖掘栅底沉砂、清除效果好	易于维护保养，使用寿命长	去除效果好、能够有效避免臭气外溢	能适应任何复杂水质；抓斗的容量大，每次能抓起数百千克各类垃圾；一台设备能清除多组格栅
主要缺点	污水中的杂物易进入链条和链轮之间，影响链条的正常运行；受齿耙结构的限制，不能去除污水中的大的污物	对钢丝绳材质的要求较高	该类型的格栅耙臂长度的限制，不适用于渠深较深的情况；耙臂超长时间咬合力较差；结构复杂；当格栅井中有大量的杂物入泥砂沉积时，或经过一段时间的运行，链条的张紧度不一致时，容易出现齿耙不能准确地插入栅条等故障	容易造成堵塞，影响处理效率；在运行过程中会产生噪声	操作复杂，需要经常维护

考虑到进水初期格栅承受的冲击负荷较大，为保护格栅及工程安全性，设计采用了较低的过栅流速，格栅前端进水段也会发挥一定的预沉作用，不但可以拦截 25mm 以下的栅渣，也可以沉掉一部分砂石，使尽量少的砂石进入调蓄池，为调蓄池的运行维护提供较好的先决条件，也为污水提升泵的工作清除障碍，减少砂粒对水泵叶轮的磨损。因此，选用格栅除污机时应选较长栅条的格栅，且可以 90°安装，这样可以完全匹配较大池深、较

大池宽的进水渠道，且能够抓到预沉的砂石。钢丝绳式格栅除污机和移动抓斗式格栅除污机能满足去除大小型悬浮物及适应前端预沉区的要求，并根据安装空间的大小，在较小空间内选用钢丝绳式格栅除污机，在较大空间内选用移动抓斗式格栅除污机。考虑调蓄池进水以箱涵为主，主要为初期雨水，进水中经常存在树枝、垃圾袋等较大悬浮物，因此，通常选用皮带输送机作为配套的栅渣输送设备。

2. 格栅安装

1）安装流程

准备工作→安装格栅→安装门形架→调节清污机构。

钢丝绳格栅安装示意图如图 4.2-3 所示。

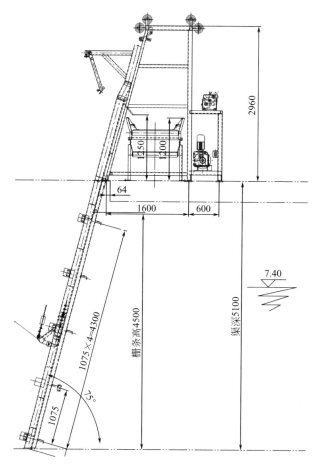

图 4.2-3 钢丝绳格栅安装示意图

2）控制要点

（1）在整个安装期间，槽内必须没水，各标高及安装基准线需准确清楚地予以标志，供灌浆的凹槽表面需毛粗，以利于灌浆。

（2）将格栅机架在平台上进行试组装，解决接口存在的问题，检查机架尺寸、平直度和平行度，检查格栅"栅条"组对角线是否一致。

（3）安装门形架时，打开传动装置的罩盖，注意钢丝绳绕向需与图纸一致，如果绕绳方向错误，会造成严重后果。

（4）控制钢丝绳在调节时仍需自由松弛地悬挂着，为防止控制钢丝绳意外被卷绕紧，调整时控制电动机采用手动。

（5）所有油嘴、滑轮，以及滚轮和铰链处要进行润滑，在滚筒和钢丝绳涂上一层厚润滑脂。

3）质量要求

（1）若多门格栅并列安装（移动式），须保证各门格栅顶面都在同一平面上，栅面在同一直线上，允许偏差为±2.5mm。

（2）格栅轨道平面应平整，平直度允许偏差为2mm，轨道平面要与底边平面对应一致，导轨轨距应一致，否则滚轮将会行走不畅。

（3）清污机构需调整耙齿与挡板的间隙控制在4～5mm，抓斗的水平（左右）偏差不大于20mm。

3. 皮带输送机安装

1）安装前的准备

（1）检查设备的规格、性能是否符合图纸的要求，以及说明书、合格证和试验报告等是否齐全。

（2）检查设备外表是否受损，零部件是否齐全。

（3）复测土建工程实测数据是否与格栅外形尺寸及角度相符，以及检查预埋件是否符合安装要求。

2）皮带输送机的安装

皮带输送机安装示意图如图 4.2-4 所示。

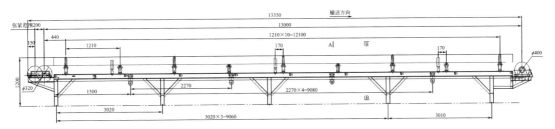

图 4.2-4　皮带输送机安装示意图

（1）安装皮带输送机必须做到机头、机尾固定牢固，运行平稳。底皮带距底板不小于400mm，机尾滚筒最低点距底板不得小于150mm。安装试运转达到平、直、稳，机头、机身、机尾中心在一条直线上。

（2）机头、机尾必须设置防止人员与驱动滚筒和导向滚筒相接触的防护栅栏，卸煤仓口装设铁算子（间隔尺寸为250mm×250mm）。

（3）安装皮带输送机必须留有足够的安全间隙，皮带输送机与巷帮支护的距离不得小于0.5m；皮带输送机机头和机尾处与巷帮支护的距离不得小于0.7m。

4. 设备调试

1）调试前准备

（1）对安装工作已结束部分的现场各构筑物进行检查、清扫、整理，彻底清除堆积泥砂、杂物等，对池体、水下设备进行重点检测。

（2）对已安装完毕的设备、控制柜清理灰尘，传动部分加注润滑油等。

（3）电动机的转向应与标注的转向相符。

（4）各固定连接部位应无松动；各指示仪表、安全保护装置及电控装置均应灵敏、准确；盘车应灵活、无异常现象。

2）格栅调试

检查上下机架连接牢固，浸水部位两侧及底部与沟渠间隙封堵严密；除污机运行过程顺畅，无啃道、阻滞和突跳现象，各行程开关、保护装置应动作正确、可靠，钢丝绳在移动过程中不重叠、搅乱、卡滞。反复交换点动开耙、关耙按钮，齿耙开启与闭合灵活；反复交换点动下行、上行按钮，上下移动行走顺畅；闭合齿耙后上行，耙齿能准确插入格栅栅缝，与栅条无碰撞。

双轨移动抓耙清污装置在运行过程中，传动机构和运动部件在轨道上运转灵活、平稳，无卡滞、碰撞、梗阻、异响等现象，整机运行平稳。

3）皮带输送机调试

机架中心线、托辊横向中心线与输送机纵向中心线重合。设备空载运行 1h，输送方向应正确，转动灵活、运行平稳，电机、减速器的温度正常；负载试验时，无物料外溢现象，卸料应正常，无明显的阻料现象。在滚动托辊上输送物料过程中，皮带超过托辊边缘 20mm 处时，跑偏保护装置自动报警，控制系统自动断电，终止输送。

4.2.3 提升泵

1. 设备选型

污水进入调蓄池后，须由污水泵提升至细格栅及沉砂池，污水泵选型过去常采用干式污水泵。多年来潜污泵技术发展很快，型谱加宽，选择余地加大，应用日益增多。国内已有不少污水处理厂都选用了潜污泵，建成后运行情况良好。潜污泵和普通干式污水泵对比分析如表 4.2-3 所示。

潜污泵和普通干式污水泵对比分析表　　　　　　　　　表 4.2-3

项目	潜污泵	干式污水泵
安装方式	自动耦合安装系统，安装、起吊方便	法兰连接，泵体和进水管路上都开设有检修孔，较复杂
设备结构	简单，无需冷却系统	复杂，需要冷却系统
土建结构	无需设水泵间，直接安在集水池	干式安装，需要独立的设备间
运行管理	简单	较复杂
运行效率	较高	较低
安全性	较高	较高
综合造价	较低	较高

潜污泵不需单独设水泵间，直接安装在集水池里，污水进水泵房大多较深，省去水泵间可节省泵房土建费用 20%～40%。经过以上对潜水离心泵和立式离心泵特点的比较可见，运行管理简单是潜水离心泵相对于立式离心泵最突出的优点；潜水泵可设计成全地下

式，对于主体构筑物而言无需复杂的上部房屋结构，能够适应周边景观要求。同时综合投资省、运行费用低、运行安全可靠性高、流量变化等方面因素的分析考虑，本项目推荐采用潜污泵。

2. 潜污泵安装

1) 基础的验收

(1) 基础移交时，基础上应明显标有标高基准点及基础的纵横中心线，同时建筑物上应标有中轴线，施工记录齐全。

(2) 基础外观不得有裂纹、蜂窝、空洞及漏筋等缺陷。

(3) 基础混凝土的强度达到85%以上。

(4) 按相关的土建图纸及设备的技术文件，对基础尺寸及位置进行复测检查，其允许偏差应符合相关规定，并办理中间移交手续。设备基础尺寸和位置的质量要求如表4.2-4所示。

设备基础尺寸和位置的质量要求　　　　　　　　　　表4.2-4

序号	内容		允许偏差(mm)
1	基础坐标位置(纵横轴线)		±20
2	基础各个同平面的标高		+0 −20
3	基础上平面外形尺寸 凸合上平面外形尺寸 凹穴尺寸		±20 −20 +20
4	基础上平面的水平度	每米	5
		全长	10
5	竖向偏差	每米	5
		全长	20
6	预埋地脚螺栓	中心位置	±5
		深度	+20
		孔壁铅垂度	10

2) 水泵底座初步找平、找正

(1) 初步找正：设备找正、找平、水泵底座就位后，主要用平垫铁和斜垫铁组调整设备的水平度、标高及铅垂度。主要方法是根据不同设备情况用钢尺或水准仪测量标高，用框式水准仪测量水平度，用吊线锤、钢尺或经纬仪测量设备的铅垂度。底座的水平度应调整到0.15mm/m。

(2) 垫铁的安装：放置垫铁是设备安装中很重要的施工内容，放置垫铁如有错误或不合理，则会直接影响设备的安装精度和使用寿命，并导致机器与设备产生局部应力过大或机组振动、变形等问题。放置垫铁应遵守下列原则：

① 在地脚螺栓两侧各放置一组垫铁，应尽量使垫铁靠近地脚螺栓。当地脚螺栓间距小于300mm时，可在各地脚螺栓的同一侧设置一组垫铁。

② 垫铁表面应平整、无氧化皮、飞边等。斜垫铁斜面的不平整度不得大于12.5，斜

度为 1/20～1/10。

③ 斜垫铁应配对使用，与平垫铁组成垫铁组时，一般不可超过四层，薄垫铁应放在垫铁与厚平垫铁之间。垫铁组的高度一般为 30～70mm。

④ 垫铁直接放在基础上，与基础接触应均匀，其接触面积不应小于 50%，平垫铁顶面水平度、允许偏差为 2mm/m，各垫铁组顶面标高与机器底面实际安装标高相符。

⑤ 机器找平后，垫铁组应露出底座 10～20mm，地脚螺栓两侧的垫铁组，每块垫铁伸入机器底座底面的长度，均应超过地脚螺栓，且应保证机器底座受力均衡。

⑥ 水泵用垫铁找平、找正后，用锤敲击检查垫铁组的松紧程度，应无松动现象。用 0.5mm 的塞尺检查垫铁之间，以及垫铁与底座底面的间隙，在垫铁间，断面处从两侧塞入长度之和不得超过垫铁长（宽）度的 1/3。检查合格后，应随即用电焊在垫铁组的两侧进行层间点焊固定，垫铁与机器底座之间不得焊接。

⑦ 泵类定位基准线（点、面）对安装基准线的平面位置及标高的允许偏差符合表 4.2-5 的规定。

安装基准线平面位置及标高允许偏差 表 4.2-5

项目	允许偏差(mm)	
与其他设备无机械联系时	±10	+20 −10
与其他设备有机械联系时	±2	±1

3）地脚螺栓灌浆

地脚螺栓的安置应符合下列要求：

（1）地脚螺栓的铅垂允许偏差不得超过螺栓长度的 10/1000；

（2）地脚螺栓离孔壁的距离大于 15mm；

（3）地脚螺栓下端不应碰孔底；

（4）地脚螺栓上的油脂和污垢应清除干净，但螺纹部分应涂油脂，并做好保护工作；

（5）螺母与垫圈间，以及垫圈与设备底座间的接触均应良好，拧紧螺母后，螺栓必须露出螺母 1.5～5 螺距；

（6）为了防止地脚螺栓在灌浆时发生偏移，应在螺栓孔内放置金属支架并与地脚螺栓点焊；

（7）灌浆前，应检查垫铁安装质量。设备经二次找正、找平，并经检查合格后，在隐蔽工程记录完备的情况下，方可进行二次灌浆。

4）地脚螺栓二次灌浆：

（1）灌浆一般宜用细石混凝土，其强度等级应较基础或地坪的混凝土强度等级高一级。

（2）采用的砂子、石子不得夹带有杂质，砂、石应仔细清洗和筛选，水质要清洁，混凝土的配合以及人工拌和应严格遵守技术规范。

（3）灌浆前，灌浆处应清洗洁净并润透。

（4）灌浆时，应捣固密实，并保证地脚螺栓的垂直度。混凝土应尽可能从同一方向灌注，混凝土内不得存有气泡，每台泵的混凝土灌注应持续进行直至结束。

（5）应保持连续浇灌，浇灌时间不得超过 1～1.5h，否则会出现混凝土分层现象。

（6）灌浆层的厚度不应小于 25mm，仅用于固定垫铁或防止油、水进入的灌浆层，且灌浆困难时，其厚度可小于 25mm。

（7）拧紧地脚螺栓应在混凝土达到规定强度的 75％后进行，一般为一周左右。

潜污泵安装示意图如图 4.2-5 所示。

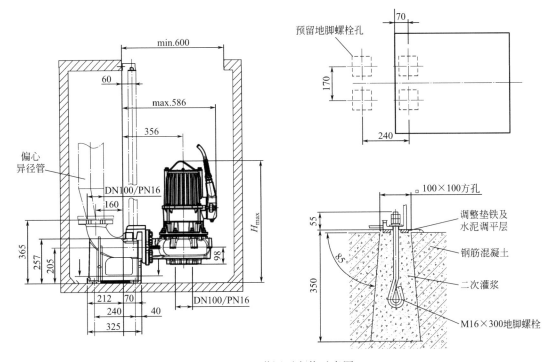

图 4.2-5　潜污泵安装示意图

3. 设备调试

1）调试前准备

（1）对安装工作已结束部分的现场各构筑物进行检查、清扫、整理，彻底清除堆积泥砂、杂物等，对池体、水下设备进行重点检测。

（2）对已安装完毕的设备、控制柜清理灰尘，传动部分加注润滑油等。

（3）电动机的转向应与标注的转向相符。

（4）各固定连接部位应无松动；各指示仪表、安全保护装置及电控装置均应灵敏、准确；盘车应灵活、无异常现象。

2）水泵调试

（1）在水泵启动之后，如果发现以下现象应立即停泵：电气柜冒烟或有异常烧焦的气味、水泵或电机有异常的振动和声音，待以上现象排除后再行启动水泵。

（2）水泵持续运行 2h，注意水泵运行监护：

① 检查水泵振动、压力及异常声音。

② 检查机械部分有无松动现象。

③ 检查有无漏水现象。

④ 检查运行是否稳定。

（3）电机运行监护：

① 转动轴承温度不超过 85℃、推力轴承温度不超过 75℃，润滑油温度检查、记录。

② 定子线圈、绕组温度检查、记录。

③ 电机运行时的振动、声音。

4.3 预处理设备

预处理作为 CSO 强化处理的第一个处理单元，对于保证后续处理设施的稳定运行具有重要作用。预处理一般包括细格栅、沉砂池两部分：细格栅用于截留水中较小的漂浮物、悬浮杂物，降低后续处理设施出现堵塞、设备磨损的概率；沉砂池用于去除水中0.2mm 以上无机砂粒，去除浮渣和部分油脂，以保证后续流程的正常进行。

4.3.1 细格栅

1. 设备选型

目前，广泛使用的细格栅主要包括：板式格栅和转鼓格栅，其对比分析如表 4.3-1所示。

板式格栅和转鼓格栅对比分析 表 4.3-1

项目	板式格栅	转鼓格栅
工作原理	污水在格栅的正面进入，在格栅两侧通过一层栅网后流出，固体颗粒截留在栅板上，被栅板上突出的栅渣阶梯提升到顶部排入集渣内后排出格栅	污水由转鼓前端开放处进入，经过转鼓的栅网时固体颗粒被截留，污水流到转鼓后。当栅网被固体颗粒堵塞达到一定程度后，转鼓转动将栅渣输送到收集槽内，后经螺旋体提升排渣
栅板清洁方式	喷淋水	喷淋水＋尼龙毛刷
穿孔网板材质	不锈钢或 UHMW	不锈钢
栅板形式	可单片拆换的栅板,运行维护费用降低	用降低整体的转鼓网栅形式,一旦更换必须更换整个栅鼓,维护成本很高
密封系统	栅板密封及侧密封,密封性能好,增加了捕获率,保证了设备的安全可靠性能	侧密封
捕获率	78％以上	60％以上
渠道形式	垂直安装,设备可以根据渠宽还有水位高度调整合适的设备宽度和高度,能够适应更多的设计选择,并最大可能地节约占地面积	整体的转鼓形式,35°倾斜安装导致需要较长的渠道,另外一旦水位或是渠宽发生变化,整个鼓的大小将发生变化,对水位和渠道类型的适应性很小,增加了占地面积
驱动装置	最小功率 0.75kW,运行能耗较低	最小功率 1.1kW,运行能耗相对较高
运行安全性	可配置专利技术的在线堵塞率检测系统,一旦发现栅板堵塞超过设定值,将会向控制系统发出信号。大大增加了设备的运行安全可靠性	无堵塞率的跟踪系统

从日前国内转鼓格栅的使用效果来看，转鼓细格栅存在清洗困难的问题，会对细格栅运行产生不利影响。而板式格栅的最大特点就是格栅为孔板式，不易被毛发或纤维缠绕，污水从孔板格栅进口框架中间进入格栅内部，从格栅两侧穿过孔板流出，滤渣、毛发、纤维等悬浮物质被截留在孔板的内壁，可有效防止垃圾越过格栅直接溢流到后方，解决了栅孔堵塞问题，保证了高捕获率。

另外，板式格栅除污机可大幅度提高过水量，它的过水穿孔网板平行于水流方向安装，污水从格栅机架下部中间设置的进水口进入滤腔，从内向外通过两侧的穿孔网板后汇入栅后，设备为90°垂直整体安装，采用这种方式栅渣无法翻越漏入栅后清水侧，同时，两侧网板同时过水，提供了成倍的过滤面积。通过比较可知，板式格栅具有运行安全性高、占地面积小、运行维护成本低及操作简便等优点。

2. 板式格栅安装

1）基础及设备检查

（1）基础检查：混凝土外表无裂纹、孔洞、蜂窝、麻面、露筋及边角缺肉等缺陷，地脚螺栓孔洞应垂直无杂物，预埋件无污物，表面平整。左右两侧预埋板中心线应在同一迎水截面上。检查格栅上面的垂直挡板墙的垂直误差不大于10mm。

（2）检查中需确定细格栅上部的防护墙表面点，并使用色笔将该区域作记号，方便以后的检查验证。该点所在的位置将作为调整细格栅支撑梁位置的基准。

（3）设备检查：导轨不得有严重变形成扣曲现象，表面不得有明显损坏，每根导轨直线度应不大于2mm。清污机各活动机构应灵活无卡塞，清污机部件检查无缺失情况。

2）格栅安装

（1）定位划线

以土建基础检查时确定的点为基准点，据此基准面在孔道两侧墙上放出清污机导轨的中心线。根据中心线找出格栅支撑梁在水流方向的定位位置，以渠道中心线作为格栅垂直位置的安装中心线，用线坠将该中心线定位完后，在流道底部用墨线弹好标记，为防止水流将墨线冲淡，可使用细的金属钉子在墨线上钉出两点作为标记。

（2）支撑梁安装

预先在格栅支撑梁安装位置放置好垫铁，将格栅支撑梁吊装到安装位置。按照事先放出的定位位置及图纸所示格栅间的距离进行格栅的初步定位，定位完成后使用垫铁及木方等进行固定。

（3）格栅安装

预先将所有的螺栓螺纹用防腐剂进行涂抹。将底部外侧栅片、底部中间栅片、底部外侧栅片，依次放入流道安装位置处，可先连接部分螺栓，将栅片固定在对应的支撑梁上。底部栅片连接好以后，再依次将顶部外侧栅片、顶部中间栅片、顶部外侧栅片吊放到安装位置，使用连接螺栓将栅片固定在对应的支撑梁上。格栅与横梁之间采用螺栓相连，调整格栅达到如下要求：

① 上下节格栅栅条应对正，不得有错位现象。

② 栅条与水平面的垂直度误差小于2mm。

③ 装配后格栅直线度允许公差为3mm。

④ 格栅中心线和渠道中心线应保持一致，误差不得大于2mm。

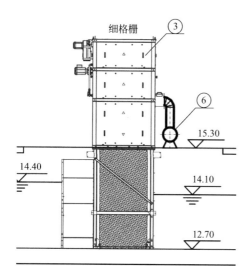

细格栅

图 4.3-1 板式格栅安装示意图

板式格栅安装示意图如图 4.3-1 所示。

3. 砂水分离器安装

1）设备安装定位应准确且符合设计要求，其就位的平面位置偏差不大于 20mm，标高偏差应在 ±20mm 以内。

2）安装基础平台应平整，输砂管路中各连接口应无渗水现象。

3）砂水分离机安装基础平台应平稳，与吸砂管、溢水管的连接口应无渗水现象。

4）检查和加注润滑油。

4. 设备调试

1）调试前准备

（1）对安装工作已结束部分的现场各构筑物进行检查、清扫、整理，彻底清除堆积泥砂、杂物等，对池体、水下设备进行重点检测。

（2）对已安装完毕的设备、控制柜清理灰尘，传动部分加注润滑油等。

（3）电动机的转向应与标注的转向相符。

（4）各固定连接部位应无松动；各指示仪表、安全保护装置及电控装置均应灵敏、准确；盘车应灵活、无异常现象。

2）格栅调试

检查上下机架连接牢固，浸水部位两侧及底部与沟渠间隙封堵严密；除污机运行过程中，传动机构和运动部件运转灵活、平稳，无卡滞、碰撞、异响等现象，整机运行平稳。

3）砂水分离器调试

（1）检查排砂螺杆和搅拌器的电机转向。如果下部搅拌叶将洗干净的细砂推向中央排砂圆孔，则表明搅拌器已准确安装。

（2）将水灌入箱体内，并进行液位校对，在灌水时，检查喷头底板上是否均匀喷水。

（3）液位校准：最低液位的校对设定，将水准确灌满装置下部的圆柱形箱体，旋转液位探头上的最低液位螺栓，使安培表上的电流数值显示为 4mA；最高液位的设定，将水灌满装置，使水能从溢流堰流出，旋转液位探头上的最高液位螺栓，使安培表上的电流数值显示为 20mA。

（4）在有水状态下检查整套装置的密封性能。

（5）在手动运转搅拌器之前，必须事先打开流化冲洗水电磁阀，向装置内注射流化冲洗水。洗砂装置现在处于可工作状态，可向装置泵入来自沉砂池的砂水混合液。

（6）装置运行过程中，传动机构和运动部件运转灵活、平稳，无卡滞、碰撞、异响等现象，整机运行平稳。

4.3.2 闸门

1. 一般技术要求

1）在进行闸门、埋设件或启闭机安装时，应首先进行拼装检查。

2）闸门未安装前，必须水平放置妥当，防止单边受力，造成变形影响闸门密封性能。

2. 埋设件安装

闸门采用预埋钢板式安装。采用厂家提供的钢板，在混凝土施工时预埋。

3. 附壁式闸门的安装和检验

1）闸门采用附壁式安装，安装时将门框底面紧贴于井壁上，通过焊接螺栓将门框固定，门框垂直度偏差应小于 1/1000。

2）经调整检查无误后，在闸框四周及螺栓的预留孔中浇灌 C30 细石混凝土封固。

3）上部启闭机座架中心调整与门体螺杆中心在同一直线上，然后将座架底板与平台预埋钢板焊固，焊缝高度为 8mm。

4）闸门采用镶铜密封条止水的形式，安装后的闸门泄漏量应小于 1.25L/（min·m）（密封面长度）。

5）电动启闭装置的行程及过载保护装置满足要求。

6）机座和基础螺栓的混凝土应符合施工图设计要求，在混凝土强度尚未达到设计强度前，不允许改变启闭机的安装支撑，不得进行调试。

7）每台启闭机安装完成后，对启闭机进行清理、修补损坏的保护油漆，为减速器及其他需注润滑油的部位灌注润滑油，润滑油规格性能符合厂家的要求和有关规范规定。

8）启闭机安装就绪，待调试合格后，再根据设计和运行要求以及有关规范的规定进行试运转。

9）进行无水及有水时的动作启闭试验，以检查其启闭速度、噪声、开度指示器、上下限位开关的位置及其水密状态等是否符合设计要求。

附壁式闸门安装示意图如图 4.3-2 所示。

4. 渠道闸门的安装和检验

1）渠道闸门应按照中水压方向安装。

2）渠道闸门安装前应检查安装附着面垂直度偏差，通过水泥砂浆找平。

3）将渠道闸门整体吊入，底坎水平度误差不大于渠宽的 1/1000。

4）门框与土建结合处二次灌浆密封。

5）渠道闸门应在最大设计水压时能有效地止水，其泄漏量小于 1.25L/（min·m）（密封面长度）。

渠道式闸门安装示意图如图 4.3-3 所示。

5. 叠梁闸的安装和检验

1）闸槽采用膨胀螺栓固定方式，可通过螺栓调节闸槽的垂直度，偏差应小于 1/1000，调整无误后采用二次灌浆方式固定。

2）叠梁门的门体可采用多块叠加方式，单块高度不大于 500mm，叠梁门底最大设计水压为 0.02MPa。

3）门体与闸槽、门体与门体的橡胶密封处应止水可靠，其密封面的最大渗漏量小于 1.25L/（min·m）（密封面长度）。

4）叠梁门底起吊采用可移动方式起吊支架及手动起吊装置（包括启门器）。

叠梁闸安装示意图如图 4.3-4 所示。

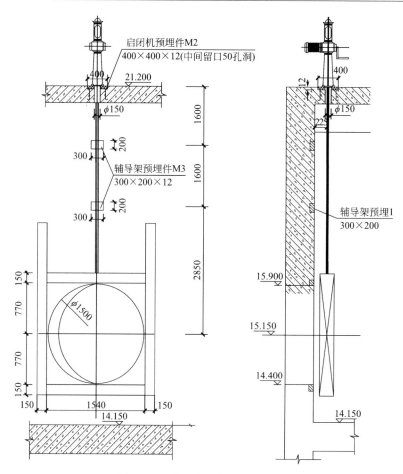

图 4.3-2　附壁式闸门安装示意图

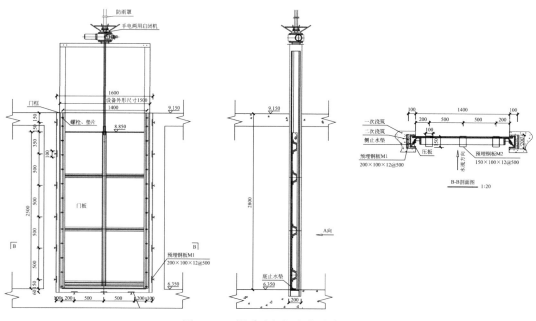

图 4.3-3　渠道式闸门安装示意图

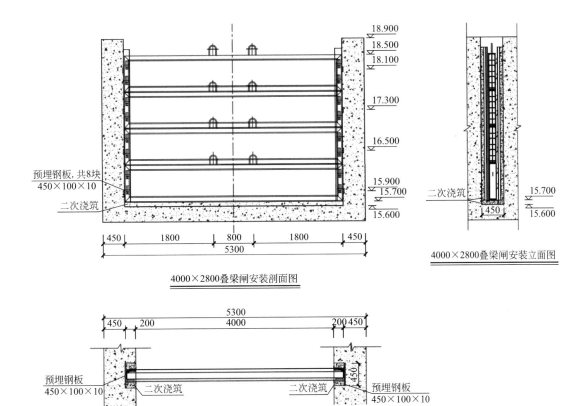

18.900
18.500
18.100
17.300
16.500
15.900
15.700
15.600

预埋钢板,共8块
450×100×10
二次浇筑

450　1800　800　1800　450
5300

4000×2800叠梁闸安装剖面图

二次浇筑　15.700
450　15.600

4000×2800叠梁闸安装立面图

5300
450　200　4000　200　450

预埋钢板
450×100×10　二次浇筑　二次浇筑　450　预埋钢板
450×100×10

图 4.3-4　叠梁闸安装示意图

4.4　强化处理设备

4.4.1　搅拌器

1. 基础的验收

安装前, 对设备基础的几何尺寸、水平度进行复核; 对设备安装位置进行定位放线。

2. 搅拌器安装

1) 设备安装允许偏差和检验方法如表 4.4-1 所示。

设备安装允许偏差和检验方法			表 4.4-1
序号	项目	允许偏差(mm)	检验方法
1	设备平面位置	±10	尺量检查
2	设备标高	±30	用水准仪与直尺检查
3	传动立轴垂直度	0.2/1000	用线坠与直尺检查

2) 立式搅拌器安装时, 其安装位置和标高应符合设计要求, 平面位置偏差不大于 ±10mm, 标高偏差不大于 ±30mm。

3）传动立轴的垂直度偏差应不大于 0.2/1000。

4）吊臂的起吊位置应与设备吊钩起吊位置垂直。

5）设备升降过程中严禁电缆受力。

搅拌器安装示意图如图 4.4-1 所示。

图 4.4-1　搅拌器安装示意图

3. 搅拌器调试

1）调试准备

检查紧固件有无松动，各润滑部位应按文件要求加注润滑剂。池内的垃圾等应清理干净。

设备提升装置必须安全可靠。设备电缆与吊索分开固定，并捆绑结实，防止卷入叶轮，发生危险。

先点动开机，以检查叶轮转动方向。试运转前，向池内注入大约为池容积 70% 的水，切勿在设备无水的情况下长时间运转，以免设备受力不均而发生弯曲。

2）调试运转

进行现场负载试验，在设计工况条件下进行 24h 带负载运行，应传动平稳，无卡位和抖动现象，观察电机有无异响及升温情况，检查电机电流是否在额定范围内。

4.4.2　刮泥机

1. 基础的验收

设备安装前应先检查池体是否符合基础的要求，检查无误后方可进行设备的安装。

土建偏差应不超过允许范围，检查内容如下：

1）池底沿全长的平面度允差应不大于 ±10mm。

2）池顶及池底相对标高偏差应不大于 ±20mm。

2. 刮泥机安装

将驱动装置整体吊装至中心支墩顶端，并使其固定孔对应螺栓的位置，同时保证减速机偏离中心支墩中心的方向与中心柱至池壁顶面的方向相反，然后进行落座、螺栓紧固，给回转支承加注钙基润滑脂，采取质量控制措施。刮泥机安装示意图如图 4.4-2 所示。

1) 驱动装置机座面的水平度不大于 0.03mm/m。

2) 主链驱动轴的水平度允许偏差不大于 0.03mm/m。

3) 各主链从动轴的水平度允许偏差不大于 0.01mm/m。

4) 位于同侧的相邻主间距与另一侧相对应的链轮间距之差不大于 6mm。

5) 同一主链的前后两链轮中心线偏差不大于 ±1mm。

6) 同轴上的左右两链轮轮距允许偏差不大于 ±3mm。

7) 左右两导轨中心距的允许偏差不大于 ±10mm。

8) 左右两导轨顶面的高差不大于两导轨中心距的 1/2000。

9) 导轨接头的错位允许偏差，其顶面偏差不大于 0.5mm，侧面偏差不大于 0.5mm。

10) 上导轨安装标高必须以回程刮板的顶部至水面距离为（50±3）mm 为准。

11) 主链的各轮轴两端轴承座应进行二次灌浆。

图 4.4-2　刮泥机安装示意图

3. 刮泥机调试

1) 安装完毕后，进行空负荷运转，运转前应检查确认运转方向。

2) 启动电机开关，开车运转不少于 2 圈。运行过程中，如果反转运行，停机后重新接线，调整转向。

3) 放水后负荷运转不少于 3～4h，检查启动、停车工作是否正常，运转是否平稳，应无振动、撞击等异常情况。电机、减速箱应无过热、异常噪声、振动等情况。

4.4.3　消毒

1. 设备选型

城市污水经处理后，水质得到改善，细菌含量也大幅度降低，但其绝对值仍较高，并有存在病原菌的可能。目前常用的消毒方法主要有：液氯、次氯酸钠、氯氨、二氧化氯、紫外线、臭氧等。根据工程实际需要，对液氯、紫外线和二氧化氯、次氯酸钠等消毒剂进行比选，详见表4.4-2。

消毒剂比选表 表 4.4-2

项目	液氯消毒	紫外线消毒	二氧化氯	次氯酸钠
使用剂量	6～15mg/L		2～6mg/L	6～15mg/L
接触时间	30min	10～100s	30min	30min
投资	较低	高	较高	现场制备投资较高；采用成品投加较低
运行成本	较低	较高	较高	现场制备运行成本较高；采用成品投加运行成本较低
运行管理	注意安全，防漏氯，注意氯瓶结霜	紫外灯需定期换	止爆炸	现场制备需注意安全，防止氢气聚集爆炸
末梢余氯	有	无	有	有
适用条件	液氯供应方便的地点，适于管网供水	供水，适用于河道供水	适用于有机污染严重时，不适合大型水厂，适用于管网供水	适用于有机污染严重时，现场制备不适合大型水厂，适用于管网供水
主要优点	具有余氯的持续消毒作用；成本较低；操作简单，投量准确；不需要庞大的设备	杀菌效率高，所需接触时间短；不改变水的物理、化学性质，不产生有机氯化物和氯酚味；具有成套设备，操作方便	不形成氯仿有机卤代物；杀菌效果好，不受pH影响；具有强烈的氧化作用，除臭味、色度、氧化锰、铁等物质	不形成氯仿有机卤代物；杀菌效果好，不受pH影响；具有强烈的氧化作用，除臭味、色度、氧化锰、铁等物质
主要缺点	原水有机物高时会产生氯仿等有机卤代物；水中含酚时产生氯酚味；氯气本身有毒	没有持续消毒作用，易受重复污染；电耗较高，灯管寿命还有待提高	易受重复污染；电耗较高，灯管寿命还有待提高，不能贮存，现场随时制取使用；制取设备复杂；操作管理要求高	不易长期贮存，现场随时制取使用或附近有合适的供应货源；现场制取设备复杂，操作管理要求高

通过上述比较，考虑本工程尾水直排机场河，而紫外线消毒杀菌效率高，所需接触时间短，不改变水的物理、化学性质，不产生有机氯化物和氯酚味，适用于河道供水，因此推荐采用紫外线消毒工艺。

2. 紫外安装

1）安装注意事项

（1）玻璃套管及紫外线灯管均属于贵重易碎品，在运输、安装及使用过程中应避免磕碰。

（2）紫外线消毒器应水平安放（严禁垂直安装），紫外线消毒器筒体不得承受外部压力。

（3）紫外线消毒器的两端向外延伸，应分别留有0.4～1m的空间，以便于更换灯管。紫外线消毒器控制板面前应预留0.6m的无障碍空间，以便于维修。

2）设备安装

（1）石英管的拆卸：先关闭电源，打开消毒器两侧护盖，取出灯管，卸下两端压盖，取出水封座内的"O"形胶圈，再慢慢抽出石英管。

（2）石英管的组装：操作人员不要直接用手接触石英管表面，以免弄脏石英管而影响透明度，将石英管对正两端水封孔位，插入石英管，两端余量要相等，套入"O"形胶圈，慢慢均匀拧紧压盖，力度不能过大，以免造成石英管破裂，而后做通水试验，如有漏水可再轻轻拧紧压盖，直到不漏水为止，最后装上灯管即可运行。紫外安装示意图如图 4.4-3 所示。

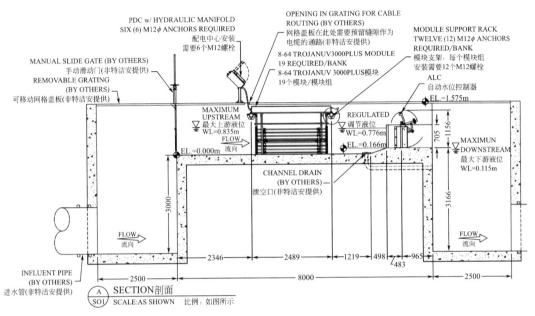

图 4.4-3 紫外安装示意图

3. 紫外调试

1）通水运行前先检查两端不得漏水，石英管内壁也不得有水珠。

2）灯角插座应按编号或颜色插入。

3）避免紫外线直接照射人体。

4）消毒器不要安装在过于潮湿和冲击振动大的地方，湿度大容易引起电器元件损坏，冲击振动过大易引起灯管和石英管的损坏。

5）石英管应定期擦洗，擦洗时使用酒精作擦洗液。

4.5 除臭装置

4.5.1 设备选型

目前城市污水处理厂的除臭方法通常采用以下四种方法：生物法、液体吸收法（化学洗池)、植物提取液除臭法、离子氧化净化装置,四种工艺各具特点,其特点归纳见表 4.5-1。

除臭工艺对比分析表 表 4.5-1

方法	优点	缺点
生物法	效果稳定、实施简单、管理方便、运行费用低	占地面积大
液体吸收法	效果稳定、占地面积较小	附属设施多、防腐要求高、运行费用较高
植物提取液除臭法	投资和运行费用低、管理维护简单、操作灵活、占地面积小	安装管路相对较复杂,运行费用较高
离子氧化净化装置	管理方便、维护方便	占地面积略大,运行费用略高

从上表可以看出,离子法具有处理效果相对稳定、运行费用低等优点,根据现场条件及调蓄池除臭系统间歇使用的特点,除臭装置的布置不影响总体布局,因此,推荐离子法作为 CSO 调蓄池及强化处理设施的除臭工艺。

4.5.2　除臭装置安装

1. 离子发生器安装

离子发生器安装时,其安装位置和标高应符合设计要求,基础找平且平面度不大于 $1mm/m^2$,平面位置偏差不大于 $\pm 10mm$,标高偏差应介于 $-10 \sim 20mm$。移动至预定位置,采用不锈钢膨胀螺栓固定。离子发生器安装示意图如图 4.5-1 所示。

图 4.5-1　离子发生器安装示意图

2. 鼓风机安装

鼓风机安装时,其安装位置和标高应符合设计要求,基础找平且平面度不大于 $1mm/m^2$,平面位置偏差不大于 $\pm 10mm$,标高偏差应介于 $-10 \sim 20mm$。

将减震器用螺栓紧固在设备底座上。将鼓风机用起重机吊在基础上,调整其位置,使其纵横误差在允许范围内,在混凝土基础上用色笔画出减震器支撑板在其上的位置。将机组再次吊起放在混凝土基础上,减震器支撑板应与其抹胶前位置标记严格对正,禁止水平方向移动，保证减震器与基础接触面良好。

移动鼓风机至预定位置；根据基础负荷图预留地脚螺栓孔，将鼓风机与基础固定。

3. 玻璃钢管道安装

1）注意材料在运输搬运、吊装过程中的装卸、放置方法，避免因管体碰撞而产生缺陷。

2）玻璃丝布、毛毡在雨雪天气应采取特别措施：保证使用时干燥；树脂以及固化剂、促进剂等辅料不能暴晒，能分开放置；这些挥发性或易燃的材料在施工工程中，遇到现场的电源、电气焊作业和切割的火星等都需要做好预防保护措施。

3）支架安装参考标准图集和检修要求，利用支架的安装达到坡度要求。

4）玻璃钢管需加固糊接，注意玻璃丝布必须多次错位铺层、打磨、搭接，不能一次成型。管口的糊接厚度要与管壁保持一致，每层糊接层的厚度约 0.5mm。

5）管道的对接与法兰的对接应该相互平行，法兰与管阀门安装要使用密封垫，不锈钢螺栓安装时要对称上紧、加黄油。

6）管道糊接安装过程中要注意：不能带水操作，接口需打磨好、安装前无脏物，接口的间隙不能太宽、无错位现象，糊接时腻子要抹平、玻璃丝布间无气泡并抹平，固化后还需要检查封口质量，保证无渗漏。

7）管道安装完成后对焊接位置进行去毛刺打磨处理、刷胶衣，保持整套管道美观。

8）百叶风口安装要注意风口中心在一条水平线上。

9）冷凝水排放管考虑水封，冷凝水排放管的设置优先考虑周边有排水管沟、排水井的位置。

4.5.3　除臭调试

除臭系统联动运行前，若系统长时间（≥7d）停止工作，则需在重新启动前进行单机调试。

1. 离心风机单机调试

1）使用 500V 兆欧表检查电动机和电缆绝缘电阻大于 0.5MΩ，检查接线无误，检查确认电源电压与电动机铭牌一致。

2）手动盘车，保证风机涡壳或叶轮内无杂物。

3）将系统控制转换开关"就地/停止/远程"转为"就地"状态，将单元控制转换开关"手动/停止/自动"转为"手动"状态。

4）调整需收集构筑物管道入口阀门开度（并作出记录，锁定阀门开度），打开离心风机入口阀门。

5）点动风机及抽气风机启动按钮，观察风机的转向，确认正确后启动风机，检查风机的声音、振动情况是否正常，确认正常后，停运备用。

2. 离子发生器单机调试

1）使用 500V 兆欧表检查电缆绝缘电阻大于 0.5MΩ，检查接线无误，检查确认电源电压与离子发生器电源一致。

2）将系统控制转换开关"就地/停止/远程"转为"就地"状态，将单元控制转换开关"手动/停止/自动"转为"手动"状态。

3）检查离子发生器的温度和运行情况情况是否正常，确认正常后，停运备用。

3. 联机调试

1）除臭系统启动流程

（1）打开臭气收集系统阀门，将风机控制面板上的"手动/停止/自动"转换开关转置"手动"位置；点击风机启动键，此时风机运行，风机启动亮灯；风机开启后，将臭气送入除臭装置，观察系统仪器仪表的工作情况是否正常。

（2）将离子装置控制面板上的"手动/停止/自动"转换开关转至"手动"位置；点击离子装置启动键，此时离子装置运行，离子装置启动亮灯；离子装置开启后，观察系统仪器仪表的工作情况是否正常。

（3）将风机、离子控制装置等转为"自动"状态。

2）除臭系统停止

（1）将系统控制按钮"就地/停止/远程"转为"停止"状态，将单元控制按钮"手动/停止/自动"转为"停止"状态。

（2）关闭收集系统各阀门，切断臭气源。

（3）切断各设备电源及总电源。

3）除臭系统开车后注意事项

（1）重点注意观察风机及离子发生装置的运行状态。

（2）现场电控箱设"就地/远程"工作方式。电控箱设各设备的运行、故障及电源指示，以及各设备的"启/停"操作按钮，并设置有"急停"按钮。电控柜给出设备工作信号、故障信号传送到中控室并可以在中控室控制。

4.6 电气设备安装

4.6.1 施工控制要点

1. 施工阶段

电气设备施工阶段安装流程图如图 4.6-1 所示。

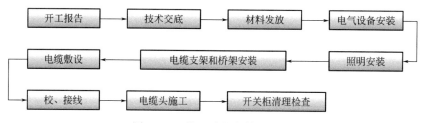

图 4.6-1 施工阶段安装流程图

2. 试验阶段

电气设备试验阶段安装流程图如图 4.6-2 所示。

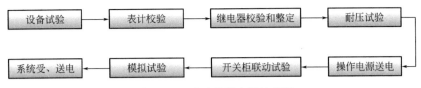

图 4.6-2 试验阶段安装流程图

3. 施工原则

1）应严格核对设计图纸、设备铭牌和装箱单，清点和收集设备试验报告和合格证书。

2）严格按图纸及规范施工，保证电气系统运行安全可靠。

3）坚持"三不施工"原则：图纸不清楚不施工；材料、设备质量不符合要求不施工；不安全因素不排除不施工。

4）施工应遵循先地下、后地上的原则，与土建专业密切配合，所有预留预埋施工必须和土建施工同步进行，隐蔽工程在隐蔽前应按照质保程序经工程监理确认。

5）施工中，当设计图纸与现场实际情况出现不符合项时，要通过正常程序解决后才能施工。

4.6.2 暗管敷设工艺

暗管敷设工艺流程图如图 4.6-3 所示。

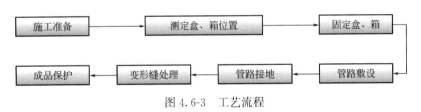

图 4.6-3 工艺流程

1. 测定盒、箱位置

根据设计图要求确定盒、箱轴线位置，以土建弹出的水平线为基准，挂线找平，线坠找正，标出盒、箱位置。

2. 固定盒、箱

稳注盒、箱要求灰浆饱满，平整牢固，坐标正确。现制混凝土板墙固定盒、箱加支铁固定，盒、箱底距外墙面小于 3cm 时，需加金属网固定后再抹灰，防止空裂。

托板稳住灯头盒：预制圆孔板（或其他顶板）打灯位洞时，找准位置后，用尖錾子由下往上剔，洞口大小比灯头盒外口略大 1~2cm，灯头盒焊好卡铁（可用桥杆盒）后，用高强度等级砂浆稳注好，并用托板托牢，待砂浆凝固后，即可拆除托板；现浇混凝土楼板，将盒子堵好随底板钢筋固定牢固，管路配好后，随土建浇灌混凝土施工同时完成。

3. 管路敷设

冷煨法：一般管径为 20mm 及以下时，使用手扳煨管器，先将管子插入煨管器，逐步煨出所需弯度；管径为 25mm 及以上时，使用液压煨管器，即先将管子放入模具，然后扳动煨管器，煨出所需弯度。

热煨法：首先炒干砂子，堵住管子一端，将干砂子灌入管内，用手锤敲打，直至砂子灌实，再将另一端管口堵住放在火上转动加热，烧红后煨成所需弯度，随煨弯随冷却。要求管路的弯曲处不应有折皱、凹穴和裂缝现象，弯扁程度不应大于管外径的 1/10；暗配管时，弯曲半径不应小于管外径的 6 倍；埋设于地下或混凝土楼板内时，不应小于管外径的 10 倍。

管子切断：常用钢锯、割管器、无齿锯、砂轮锯进行切管，将需要切断的管子长度量准确，放在钳口内卡牢固，断口处平齐不歪斜，管口刮铣光滑，无毛刺，管内铁屑除净。

套管连接：宜用于暗配焊接钢管，套管长度为连接管径的 1.5～3 倍；连接管口的对口处应在套管的中心，焊口应焊接牢固严密。

4. 管进盒、箱连接

盒、箱开孔应整齐，并与管径相吻合，要求一管一孔，不得开长孔。铁制盒、箱严禁用电、气焊开孔，并应刷防锈漆；如用定型盒、箱，其敲落孔大而管径小时，可用铁垫圈垫严或用砂浆加石膏补平齐，不得露洞。管口入盒、箱，暗配管可用跨接地线焊接固定在盒棱边上，严禁管口与敲落孔焊接，管口露出盒、箱应小于 5mm；有锁紧螺母者与锁紧螺母平，露出锁紧螺母的丝扣为 2～4 扣；两根以上管入盒、箱要长短一致，间距均匀，排列整齐。

5. 暗配管敷设方式

1）随墙（砌体）配管

砖墙、空心砖墙配合砌墙立管时，该管放在墙中心，管口向上的要堵好；为使盒子平整，标高准确，可将管先立偏高 200mm 左右，然后将盒子稳好，再接短管。短管入盒、箱端可不套丝，用跨接线焊接固定，管口与盒、箱里口平；往上引管有吊顶时，管上端应煨成 90°弯直进吊顶内；由顶板向下引管不宜过长，以达到开关盒上口为准；等砌好隔墙，先稳盒后接两个以上盒子时，要拉直线。管进盒、箱长度要适宜，管路每隔 1m 左右用铁丝绑扎牢。

2）大模板混凝土墙配管

可将盒、箱焊在该墙的钢筋上，接着进行敷管。每隔 1m 左右，用铁丝绑扎牢；管进盒、箱要煨灯叉弯；往上引管不宜过长，以能煨弯为准。

3）现浇混凝土楼板配管

先找灯位，根据房间四周的墙弹出十字线，将堵好的盒子固定牢然后敷管。在砌筑过程中，若预留的工序不便或来不及插入施工，则采取以下备用措施：

砌体配管：采用手持切割机或专用刨槽机剔槽。桥架等穿墙洞口：采用冲击手电钻在所需洞口的周边开出一圈连续的小孔，再配套使用手持切割机，将洞内的砖块拿出，以此形成所需的洞口。此办法操作灵活，不损伤墙体。混凝土顶板接线盒安装示意图如图 4.6-4 所示。

6. 变形缝处

变形缝两侧各预埋一个接线盒，先把管的一端固定在接线盒上，另一端接线盒底部的垂直方向开长孔，其孔径长宽度尺寸不小于被接入管直径的 2 倍。暗装过伸缩缝、沉降缝做法示意图如图 4.6-5 所示。

7. 成品保护

在管路敷设过程中及时将管口、盒（箱）口进行封堵处理，防止泥浆或杂物进入。施

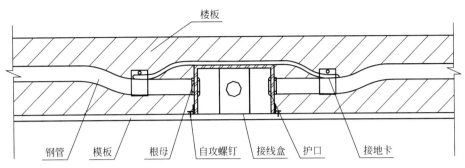

图 4.6-4　混凝土顶板接线盒安装示意图

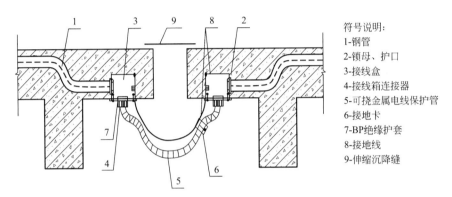

符号说明：
1-钢管
2-锁母、护口
3-接线盒
4-接线箱连接器
5-可挠金属电线保护管
6-接地卡
7-BP绝缘护套
8-接地线
9-伸缩沉降缝

图 4.6-5　暗装过伸缩缝、沉降缝做法示意图

工完毕后，应将施工中造成的孔洞、沟槽修补完整，现场清理干净。

4.6.3　明管敷设工艺

明管敷设工艺流程图如图 4.6-6 所示。

图 4.6-6　明管敷设工艺流程

1. 测定盒、箱及固定点位置

根据设计首先测出盒、箱与出线口等的准确位置。根据测定的盒、箱位置，把管路的垂直、水平走向弹出线来，按照安装标准规定的固定点的尺寸要求，计算确定支架、吊架的具体位置。固定点的距离应均匀，管卡与终端、转弯中点、电气器具或接线盒边缘的距离为 150～500mm。

固定方法：胀管法、木砖法、预埋铁件焊接法、稳注法、别注法、抱箍法。

2. 支吊架、管弯预制加工

明配管弯曲半径一般不小于管外径 6 倍。加工方法可采用冷煨法和热煨法，支、吊架应按设计图要求进行加工，支、吊架的规格设计无规定时，应不小于以下规定：扁铁支架

30mm×3mm；角钢支架 25mm×25mm×3mm；预埋支架应有燕尾，埋注深度应不小于 120mm。

3. 盒、箱固定

由地面引出管路至自制明盘、箱时，可直接焊在角钢支架上；采用定型盘、箱时，需在盘、箱下侧 100～150mm 处加稳固支架，将管固定在支架上；盒、箱安装应牢固平整，开孔整齐并与管径相吻合；要求一管一孔，不允许开长孔或用电焊机烧孔；铁制盒、箱严禁用电气焊开孔。

4. 管路敷设

水平或垂直敷设明配管允许偏差值，管路在 2m 以内时，允许偏差为 3mm，全长不应超过管子内径的 1/2；对于明敷设管路多的地方，应用三维软件进行优化设计，然后根据设计进行现场施工，达到整齐美观的效果。

5. 变形缝处理

管道穿伸缩缝、沉降缝时要使用金属软管做过渡。明装过伸缩缝、沉降缝做法示意图如图 4.6-7 所示。

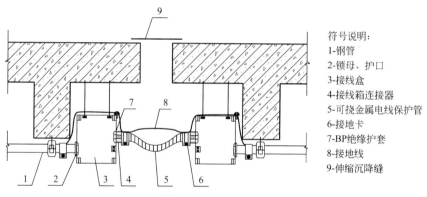

符号说明：
1-钢管
2-锁母、护口
3-接线盒
4-接线箱连接器
5-可挠金属电线保护管
6-接地卡
7-BP绝缘护套
8-接地线
9-伸缩沉降缝

图 4.6-7 明装过伸缩缝、沉降缝做法示意图

6. 跨接地线

钢导管必须接地（PE）或接零（PEN）可靠，不得熔焊跨接接地线，以专用接地卡跨接的两卡间连线为铜芯软导线，截面面积不小于 4mm²。镀锌钢管进入盒处用锁紧螺母固定牢固，装设好镀锌专用接地线卡。跨接地线做法示意图如图 4.6-8 所示。

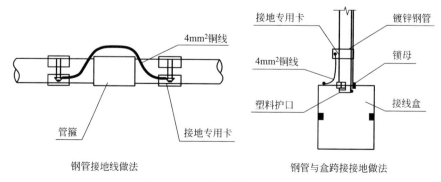

图 4.6-8 跨接地线做法示意图

7. 成品保护

明配管路时，应保持顶棚、墙面及地面的清洁完整。搬运材料和使用高凳机具时，不得碰坏门窗、墙面等。在管路敷设过程中，及时将管口、盒（箱）口进行封堵处理；施工完毕后，应将施工中造成的孔洞、沟槽修补完整，现场清理干净。

8. 钢管明敷质量要求

检查管路是否畅通，内侧有无毛刺，镀锌层或防锈漆是否完整无损，管子不顺直者应调直。敷管时，先将管卡一端的螺丝拧进一半，然后将管敷设在管卡内，逐个拧牢；使用铁支架时，可将钢管固定在支架上，不许将钢管焊接在其他管道上。

9. 钢管与设备连接

应将钢管敷设到设备内，如不能直接进入时，应符合下列要求：

在干燥房屋内，可在钢管出口处加保护软管引入设备，管口应包扎严密。在室外或潮湿房间内，可在管口处装设防水弯头，由防水弯头引出的导线应套绝缘保护软管，经弯成防水弧度后再引入设备。钢管明敷图如图 4.6-9 所示。

图 4.6-9 钢管明敷图

金属软管引入设备时，应符合下列要求：

金属软管与钢管或设备连接时，应采用金属软管接头连接，长度不宜超过 1m；金属软管用管卡固定，其固定间距不应大于 1m；不得利用金属软管作为接地导体。严禁出现半明半暗管。防水弯头绝缘保护软管示意图如图 4.6-10 所示。

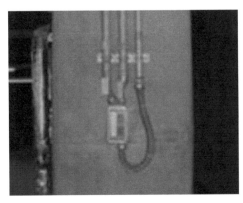

图 4.6-10 防水弯头绝缘保护软管

4.6.4　管内穿线

管内穿线工艺流程图如图 4.6-11 所示。

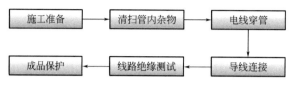

图 4.6-11　管内穿线工艺流程图

1. 清扫管内杂物

扫管穿带线的目的是检查管路是否畅通、准确，清扫管内积水和杂物，用空压机吹扫后，用棉布条两端牢固的绑扎在带线上来回拖拉，穿线时须放适量滑石粉，以便线路滑行。

2. 电线穿管

1）选择导线

根据设计图纸要求选择导线。为保证相线、零线、地线不致混淆，应采用不同颜色的导线，一般 L1 相为黄色，L2 相为绿色，L3 相为红色，N 线为浅蓝色，PE 线为黄绿双色相间线。

2）管内穿线带护口

穿线前应先检查是否穿好带线，如果带线穿好后，则应先带好护口后才可以穿线。

3）穿线应注意事项

导线在管内不得扭结、接头、断线、背扣，严禁出现死弯。接线盒、开关盒、插座盒及灯头盒内导线预留长度应为 15cm，配电箱内导线的预留长度为配电箱体周长的 1/2，出户线的预留长度为 1.5m。电线在线槽内有一定余量，不得有接头。电线按回路编号分段绑扎，绑扎点间距不应大于 2m。

同一回路的相线和零线敷设于同一金属线槽内。

为保证载流导体良好的散热性，导线外径总截面面积不应超过管截面面积的 40%，线槽内导线的截面面积不应超过线槽截面面积的 20%，且不宜超过 30 根。导线在变形缝、伸缩缝处，补偿装置应灵活自如，导线应留有一定的余度。

不同回路、不同电压等级的电线和交流与直流的电线，不应穿于同一金属导管内，且管内电线不得有接头；不得穿入同一管内，但以下几种情况除外：标称电压为 50V 以下的回路；同一设备或同一流水作业线设备的电力回路和无特殊干扰要求的控制回路；同一灯具的几个回路；同类照明的几个回路，但管内的导线总数不能超过 8 根。

3. 导线的连接

1）涮锡缠头法

缠绕时应保证接触面积和机械强度，至少缠绕 5 圈。

焊锡要饱满、表面光滑，不得有虚焊、夹渣，涮锡要均匀，接头部位清洁，要控制涮锡的温度，尽量避免烧坏导线绝缘层，之间的间隙要缠绝缘带。

涮锡后要马上包扎，内缠橡胶（或粘塑料）绝缘带，外用黑胶布包扎严密。多股软线和硬导线相连接处及潮湿、多尘场所（如卫生间、厨房、机房、室外等处）的接线，必须采用涮锡缠头法接线。

2）压线帽压接法

要根据导线线径压接根数选择适当的压线帽规格。导线剥削后，要清除氧化膜，将线芯插入压线帽内，若填不实，可将线芯折回头，直到填满为止，线芯必须插到底，导线绝缘层与压线帽平齐。必须用专用的压线钳压接，要依据压接根数和压线帽规格选择适当的咬齿模数，以防止虚接或受力过大导致线芯受损、变形。

导线连接方法如图 4.6-12 所示。

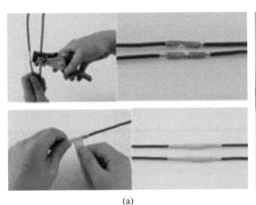

(a)   (b)

图 4.6-12　导线连接方法图

(a) 涮锡缠头法；(b) 压线帽压接法

3）线路检查及绝缘检测

线路检查：检查导线接、焊、包是否符合施工验收规范及质量评定标准的规定。不符合规定时应立即纠正，检查无误后再进行绝缘摇测。

绝缘摇测：线路的绝缘摇测一般选用 500V、量程为 0～500MΩ 的兆欧表。

一般线路绝缘摇测有以下两种情况：电气器具未安装前进行线路绝缘摇测时，首先将灯头盒内导线分开，开关盒内导线连通。摇测应将干线和支线分开，一人摇测，一人应及时读数并记录。摇动速度应保持在 120r/min 左右，应采用 1min 后的读数。

电气器具全部安装完在送电前进行摇测，应先将线路上的开关刀闸、仪表、设备等用电开关全部置于断开位置，摇测方法同上所述，确认绝缘摇测无误后再进行送电试运行。

4. 成品保护

1）穿线时不得污染设备和建筑物品，应保护周围环境，完活清料。

2）在焊、接、包完成后，应将导线的接头盘入盒、箱内，并封堵严实，以防污染和进水。

3）穿线后管口应有防积水和防潮气进入措施。

4.6.5　配电箱（柜）安装

1. 配电箱安装

1）配电箱、柜安装前应对箱体进行检查，箱体应有一定的机械强度，周边平整无损伤，油漆无脱落，箱内元件安装牢固，导线排列整齐，压接牢固并有产品合格证。在配电箱、柜进场时，各种证件及手续必须齐全。

2）配电箱、柜安装时应对照图纸的系统原理图检查，核对配电箱内电气元件、规格名称是否齐全完好，暗装配电箱应事先配合土建预留洞口。在同一建筑物内，同类箱盘的高度应一致。

3）暗装配电箱的固定：根据预留孔洞尺寸先找好箱体标高及水平尺寸，并将箱体固定好，然后用水泥砂浆填实周边并抹平齐，待水泥砂浆凝固后再安装盘面、贴脸。如箱底与外墙平齐时，应在墙固定金属网后再做墙面抹灰，不得在箱底板上抹灰，安装盘面要求平整，周边间隙均匀对称，贴脸平正，不歪斜，螺丝垂直受力均匀。

4）明装配电箱安装：根据进出电缆电线的方向及桥架的规格，在配电箱的顶部或底部开孔。配电箱的所有开孔处须用橡胶皮保护孔的边缘，以防止损坏电缆电线。配电箱采用膨胀螺栓在墙上固定。在混凝土墙或砖墙上固定明装配电箱时，采用暗配管及暗分线盒和明配管两种方式。如有分线盒，先将盒内杂物清理干净，然后将导线理顺，分清支路和相序，按支路绑扎成束，待箱体找准位置后，将导线端头引至箱内，逐个剥削导线端头，再逐个压接在器具上，同时将保护地线压在明显的地方，并将箱体调整平直后进行固定。在电气器具、仪表较多的盘面板安装完毕后，应先用仪表校对有无差错，调整无误后试送电。

2. 配电柜安装

落地柜在基础型钢上安装，基础型钢在安装找平过程中，需用垫片的地方，最多不能超过三片。基础型钢应按配电柜实际尺寸下料制作，长度及宽度应与柜体底部框架相适配，型钢应先调直，不得扭曲变形。配电柜运输就位应防止碰撞，以免损坏柜体及电气元件。配电柜的金属框架必须接地可靠，活动门和框架的接地端子应用镀锡编织铜线相连且应有标识。配电柜安装在整体槽钢基础上，安装前要进行整体槽钢焊接、制作、防腐及安装调整；配电柜安装所用连接螺栓均为镀锌螺栓，配电柜固定。配电柜（箱）安装示意如表 4.6-1 所示。

配电柜（箱）安装示意 表 4.6-1

示意	说明
	用液压手推车将配电柜运至变配电室
	采用门型架吊装就位，就位时按照施工图设计的位置将高低压柜放在基础型钢上

示意	说明
	1. 配电柜安装必须接地可靠; 2. 接线必须符合相关规范
 配电箱明装示意图	符号说明: 1-支架 2-钢管 3-配电箱 4-接地线 5-膨胀螺栓 6-墙体
 配电箱暗装示意图	符号说明: 1-钢管 2-水泥砂浆填实 3-配电 4-混凝土墙体
 管路进出电箱图	符号说明: 1-根母、锁母 2-接地线 3-配电箱 4-膨胀螺栓 5-钢管 6-墙体
 桥架与配电柜连接图	符号说明: 1-桥架 2-螺母螺栓弹平垫 3-配电柜 4-锁母、根母
 母线进出配电箱柜连接图	符号说明: 1-进线箱 2-六角螺栓 3-PE 母线排 4-相线母排

3. 箱内接线

箱内接线包括分回路的电线与配电箱元器件的连接。箱内接线总体要求为接线正确、配线美观、导线分布协调。同一接线端子最多允许压接两条导线。箱内接线图如图 4.6-13 所示。

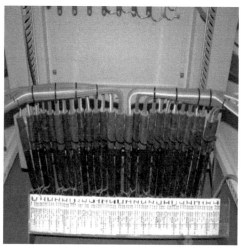

图 4.6-13　箱内接线图

4. 箱体接地

配电箱、柜本体要安装好保护接地线，箱门及金属外壳应有明显可靠的 PE 线接地。箱体接地图如图 4.6-14 所示。

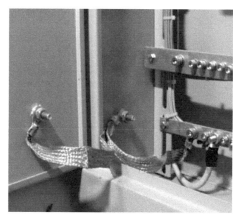

图 4.6-14　箱体接地图

5. 绝缘测试

配电箱内接线前应对每个回路绝缘进行测试，并记录数值，出线回路应按图纸的标注套上相应的塑料套管，标明回路编号；配电柜内出线回路采用永久性塑料标牌予以标注。箱内接线之后，对配电箱内线路进行测试，主要包括进线电缆的绝缘测试、分配线路的绝缘测试、二次回路线路的绝缘测试。线路绝缘测试前，应断开电缆两端的空气开关、照明开关、设备连接点等，以保证绝缘测试结果准确无误。

6. 配电箱通电试运行

配电箱安装完毕且各回路的绝缘电阻测试合格后方允许通电试运行。通电后应仔细检查和巡视，检查灯具的控制是否灵活、准确，开关与灯具控制顺序相对应。如果发现问题，必须先断电，然后查找原因进行修复。配电箱、柜安装调试完毕后，最后在箱内分配开关下方用标签标上每个回路所控制的具体负荷、设备名称、位置，以便用户使用检修。配电箱（柜）试运行图如图 4.6-15 所示。

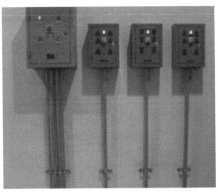

图 4.6-15　配电箱（柜）试运行图

7. 成品保护

1）配电箱箱体安装后，应采取保护措施，避免土建刮腻子、喷浆、刷油漆时污染箱体内壁。箱体内各个线管管口应堵塞严密，以防杂物进入线管内。

2）安装箱盘盘芯、面板或贴脸时，应注意保持墙面整洁。安装后应锁好箱门，以防箱内电气器具、仪表损坏。

3）配电箱安装固定后，可采用硬纸板、塑料纸、粘胶带等进行防护，绑扎牢固，以防混凝土溅入损坏箱面及箱内元器件。

4.6.6　母线

1. 工艺流程

设备点检测—弹线定位—支架制作及安装—母线安装—绝缘摇测—试运行。

2. 开箱检查

根据装箱单检查设备及附件，其规格、数量及品种符合设计要求。

外观检查：防潮密封良好，各段编号标志清晰，附件齐全，外壳不变形，母线螺栓搭接面平整、无起皮和麻面；母线绝缘电阻值大于 20MΩ。

3. 弹线、支架制作及安装

1）按施工图所示路径进行弹线定位，根据现场结构类型及楼层层高确定支架的数量和位置。

2）按设计和产品技术文件的规定制作和安装支架。

3）与母线安装位置有关的管道、空调及建筑装修工程施工基本结束，确认扫尾施工不会影响已经安装的母线，才能进行安装。

4）封闭母线的拐弯处必须加支架，直段母线支架距离必须小于 2m，转弯处小于 300mm。

5）一个吊架用两根吊杆固定牢固，膨胀螺栓应加平垫、弹簧垫，吊架应用双螺母夹紧。支架安装位置正确，横平竖直，固定牢固，成排安装，排列整齐，间距均匀，油漆均匀无漏刷现象。

4. 封闭母线安装

1）组装前逐段进行绝缘测试，安装完毕后封闭母线的绝缘电阻值大于 20MΩ，并做好记录。

2）封闭母线直接用螺栓固定在支架上，螺栓加平垫、弹簧垫固定牢固。

3）在封闭母线与设备连接处必须加固定支架。

4）封闭母线外壳连接：按设计选定的保护系统进行安装，地线跨接板连接应固定，防止松动，严禁焊接。

5）垂直安装的封闭母线在安装过程中需用吊线锤调整母线槽的垂直度，水平安装的封闭母线需要使母线的水平段在同一平面及直线上，保证接触良好。

6）在封闭母线安装过程中使用厂家推荐的工具。

7）按需要配置电缆/母线槽连接件，此配件须专为适合进线电缆的形式而设计，不需要在现场再做任何修改。

8）母线安装完毕后应用塑料薄膜加以保护，以防止进水。

9）封闭母线槽过墙及楼板时，需要用耐火填料封堵，不得用水泥砂浆封堵，保证母线槽上下伸缩自如。

10）注意当母线过载时，应考虑其电压降。有需要或建筑中有膨胀连接时，应加上膨胀节。膨胀节能够抵消不同母线温度差而引起的热膨胀。封闭母线大部分为水平安装，其支架采用圆钢吊杆、角钢横担，支架与楼板采用膨胀螺栓连接。封闭母线用压板与横担固定。

封闭母线安装示意图如图 4.6-16 所示。

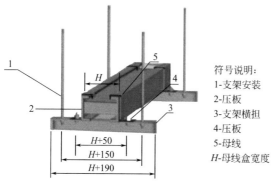

符号说明：
1-支架安装
2-压板
3-支架横担
4-压板
5-母线
H-母线盒宽度

图 4.6-16 封闭母线安装示意图

5. 试运行

1）封闭母线支架和外壳接地或接零连接完成，母线绝缘电阻测试和交流工频耐压试验合格，才能通电。

2）检查时应符合设计要求，送电空载试运行 24h，无异常现象，办理验收手续同时提交验收资料。

4.6.7 桥架

1. 弹线定位

根据施工图中桥架的分布进行弹线定位；对于桥架较密集的变配房，在地板上弹线，然后用红外线射灯定位投射到顶板来确定支架的固定点，其他部位从顶板上放线以确定支架的位置。

2. 支、吊架安装

1）在安装支架前参照图纸并结合其他分项工程进行深化设计，避开预应力钢筋且须放线定位，确保安装后不仅垂直度满足规范要求，而且外观成排成线、长短一致，支架间距均≤1.5m 且在转角处应进行合理的加支架固定。

2）竖向桥架支架采用型钢制作，固定件应与桥架配套；支架固定在墙体或楼板上，采用膨胀螺栓固定；垂直桥架在前期结构预留预埋时，竖向支架采用 8 号镀锌槽钢与预留钢板焊接，桥架与槽钢支架采用螺栓连接。

3）电缆桥架吊装吊杆间距：水平距离为 2m，垂直方向为 1.5m。各支架横担应在同一水平面上，其高低偏差小于±5mm。桥架支撑点避开接头处，距接头处以 0.5m 为宜，在桥架拐弯和分支处，距分支点 0.5m 加支持点。

3. 桥架安装

1）直线段电缆桥架长度超过 30m 应设伸缩节；跨越变形缝处设置补偿装置，线槽本身应断开，槽内用专用伸缩节连接，伸缩节固定一端，保护地线和槽内导线均应留有补偿余量。

安装示意图如图 4.6-17、图 4.6-18 所示。

图 4.6-17 桥架伸缩节安装　　　　　　　图 4.6-18 桥架零部件使用

2）电缆桥架连接时，应使用生产厂家配套的配件，如桥架的三通、弯头；电缆桥架转弯处的弯曲半径不小于桥架内电缆最小允许弯曲半径，如图 4.6-19 所示。电缆最小允许弯曲半径见表 4.6-2。

电缆最小允许弯曲半径   表 4.6-2

序号	电缆种类	最小允许弯曲半径
1	电力电缆	15D
2	控制电缆	10D

D 为电缆外径

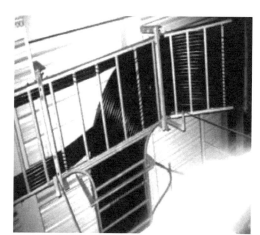

图 4.6-19　电缆敷设弯曲半径符合要求

3）桥架通过连接板使用方颈螺栓进行连接，螺母位于桥架外侧；桥架线槽与盒、箱、柜等接槎处，进线和出线口均采用抱脚连接，并用螺丝紧固，末端应加封堵。

4）水平线槽桥架与支架的横担直接用方颈螺栓固定，螺栓半圆头向内，以防止螺栓划伤电缆外护层。

5）桥架安装应平直整齐，水平或垂直安装允许偏差为其长度的 2‰，全长允许偏差为 20mm；桥架连接处牢固可靠，接口应平直、严密，桥架应齐全、平整、无翘角、外层无损伤；根据深化设计图，对桥架的弯头、三通等配件进行编号，并对弱电与低压桥架进行标识。

6）穿越不同防火分区的桥架，按设计要求确定位置，并采取防火隔堵措施；桥架在穿过防火墙及防火楼板时，应采取防火隔离措施，防止火灾沿线路延燃，做法如图 4.6-20 所示。

7）在施工过程中，要经过仔细核算，保证在同一线槽（包括绝缘在内）的导线截面面积总和不超过内部截面面积的 40%，若不能满足要求，应积极与甲方及设计院沟通。

4. 桥架接地

金属电缆桥架、线槽及其支架和引入或引出的金属电缆导管接地（PE）或接零（PEN）必须符合下列规定：

1）金属电缆桥架线槽及其支架全长应不少于 2 处与接地（PE）或接零（PEN）干线相连接，如图 4.6-21 所示。

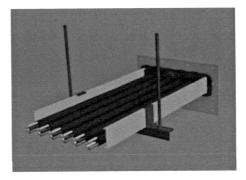

图 4.6-20　桥架穿防火区做法图

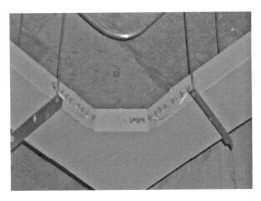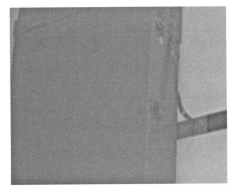

图 4.6-21　桥架接地跨接图

2）桥架间连接板的两端跨接铜芯接地线，接地线最小允许截面面积为 $4mm^2$。

5. 成品保护

安装电缆桥架及槽内配线时，应注意保持墙面的清洁；接、焊、包完成后，电缆桥架盖板应齐全平实、不遗漏，缆线不允许裸露在电缆桥架之外，并防止损坏和污染电缆桥架。缆线布置完成后，不得再进行喷浆和刷油，以防止缆线和电气器具受到污染。

4.6.8　电缆敷设

电缆敷设工艺流程图如图 4.6-22 所示。

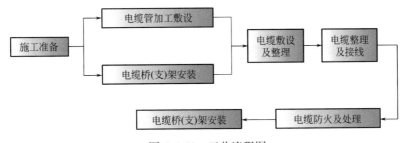

图 4.6-22　工艺流程图

1. 电缆检查

电缆的质量检查分为电气性能和物理性能检查；电气性能主要是通过电气试验来检

定；物理性能主要是通过结果检查、工艺检查、材料检查等内容来检定。

电缆物理性能检查，首先应从整盘电缆的末端割下一段样品，从最外层开始至缆芯逐层进行剖验，多芯扇形线芯断面对称性检查扇形线芯电缆应符合下述要求：

1）扇形短轴应通过电缆的几何中心，其歪曲角不宜超过 $100°\sim150°$，查看缆芯形状与结构是否与制造厂提供的规格相符。

2）电缆外护套检查：外被层的检查用游标卡尺在同一截面上相互垂直的两个方向测量其外径，取其平均值，其值应符合国家有关标称要求；同时剥外被层时，检查浸渍液应使麻绳相互粘牢，不可过稀或过浓；内衬层的检查方法同外被层，内衬层应紧贴在金属护套上粘附紧密，不应有皱褶或隆起。

3）绝缘层的检查

（1）外表检查：纸带应包缠整齐紧固，没有凹陷、皱褶、裂口、擦伤等情况；浸渍油不应有结晶和受潮现象。绝缘厚度的检查：可用千分尺直接量取其绝缘厚度，同时还应测量其外径、纸层数目，每层绝缘的厚度、宽度及缠绕方向和包缠方式是否符合制造厂的规定。

（2）重合间隙检查：绝缘纸在不少于一个节距长度内的间隙，如不被它上一层绝缘纸遮盖住，即为一个重合间隙。电压在 6kV 及以上的电缆不允许有超过三层以上的纸带重合间隙。

（3）导电线芯检查：检查导电线芯时，应注意导线表面是否平整光滑，有没有倒刺、裂鳞、卷转、擦伤等情况，导电线芯的表面不应有过多氧化现象；导电线芯截面面积应符合电缆额定载流量、热稳定电流、允许电压降、经济电流密度等要求。

（4）电缆敷设质量控制要求：电缆敷设排列整齐，间距均匀，不应有交叉现象；大于 $45°$ 倾斜敷设的电缆每隔 2m 处设固定点；水平敷设的电缆，首尾两端、转弯两侧及每隔 $5\sim10m$ 处设固定点。

2. 电缆管敷设

1）电缆管加工敷设

电缆管加工：以图纸为依据，并结合现场的实际情况，测量电缆管的长度、高度，并确定电缆管的敷设位置与路径，统计出电缆管的规格和数量，并备料；用液压弯管机进行钢管的弯制，弯制时掌握好弯点位置和弯曲半径等相关因素，防止凹瘪。

2）明敷的电缆管用电缆卡子固定并穿上铅丝。

3）电缆沟内全长应装设有连续的接地线装置，接地线的规格应符合规范要求。其金属支架、电缆的金属护套和铠装层（除有绝缘要求外）应全部和接地装置连接，这是为了避免电缆外皮与金属支架间产生电位差，从而发生交流电蚀或电位差过高危及人身安全。电缆沟内的金属结构物均需采取镀锌或涂防锈漆的防腐措施。

3. 敷设电缆顺序以及数量的确定

首先，敷设前应按设计和实际路径计算每根电缆的长度，然后根据电缆回路的作用和走向，确定电缆的敷设顺序，编制电缆敷设顺序表。电缆敷设完毕即进行绝缘测试。应留有适当的空间以保证电缆间最小的间距、弯曲半径、固定件及终端盒的安装，发生故障时所有电缆应能移动和互换。电缆在电缆沟及桥架内波形敷设，最小预留长度见表 4.6-3。

电缆波形敷设预留长度 表 4.6-3

序号	项目	预留长度
1	电缆进入沟内或吊架时引上引下预留	4.3m
2	变电所进线出线	4.3m
3	电力电缆终端头	4.3m
4	电缆中间接头盒	两端各留 4.3m
5	电缆进控制、保护屏及模拟盘等	盘面高＋宽
6	电缆进入建筑物	2.0m(外单位施工)
7	高压开关柜及低压开关柜	2.0m
8	电缆至电动机	0.5m(从电机接线盒算起)
9	变压器	3.0m

注:以上预留长度是最小值,施工中按实调整,超出以上值由电气工程师确认

4. 电缆头制作安装

采用干包式压铜端子,端子需与电缆线芯截面相匹配。电缆终端制作好后,与配电柜连接前要进行绝缘测试。以确认绝缘强度符合要求,同时电缆要做好回路标志和相色标志。连接前对搭接面进行清洁处理,同时涂抹适量的电力复合脂,确保连接和导电性能可靠。电缆头制作安装示意图如图 4.6-23 所示。

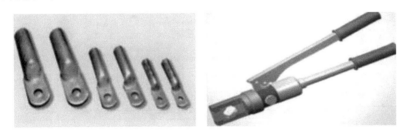

图 4.6-23　干包式电缆头制作

5. 电缆标示

敷设电缆应及时进行标识,标志牌采用塑料片制品,用尼龙扎带固定。标志牌上应注明线路编号、电缆型号、规格、电压等级、起止点,电缆始端、终端、拐弯处、交叉处应挂标志牌,直线段每隔 20m 设标志牌。电缆敷设好后,标志牌上应注明电缆的编号、规格、型号及起始位置,要检查回路编号是否正确,完整做好相关资料。标志牌规格应该一致,并有防腐性能,挂设应牢固。

6. 电缆成品保护

电缆及附件的运输、保管,除应符合本节要求外,当产品有特殊要求时,应符合产品的要求。电缆及附件在安装前的保管要求系指保管期限在一年以内者,允许长期保管时,应遵守设备保管的专门规定。

在运输装卸过程中,不应使电缆及电缆盘受到损伤,禁止将电缆盘直接由车上推下。电缆盘不应平放运输和平放贮存。运输及滚动电缆盘前,必须检查电缆盘的牢固性。电缆及附件如不及时安装,应按下列要求贮存:电缆应集中分类存放,盘上应标明型号、规

格、电压、长度。电缆盘之间应有通道，地基应坚实（否则盘下应加垫），易于排水；橡胶套电缆应有防日晒措施；电缆附件与绝缘材料的防潮包装应密封良好，并置于干燥的室内。

电缆在保管期间，应每 3 个月检查一次；木盘应完整，标志应齐全，封端应严密，如有缺陷应及时处理。

电缆头成品保护：制作电缆头时，对易损件要轻放，操作时要小心，防止碰坏电缆头的瓷套管等易损件。在紧固电缆头的各处螺丝时，防止用力过猛损坏部件。固定电缆时要垫好橡皮或铅皮。电缆头制作完毕后，立即安装固定送电运行，暂不能送电或有其他作业时，对电缆头加木箱给予保护，防止砸、碰。

4.7 自控仪表安装

4.7.1 施工控制要点

自控仪表安装工艺流程如图 4.7-1 所示。

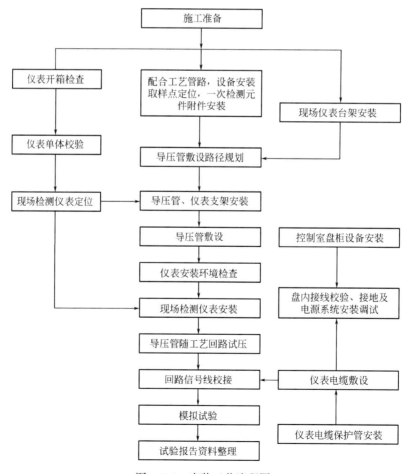

图 4.7-1 安装工艺流程图

1. 仪表开箱检查

箱内所装仪表及安装材料需与装箱清单上的规格、型号、数量相符，随机技术资料、合格证、质量证明书及附件齐全，外观检查是否完整无损，开箱仪表按设计的型号、规格、量程确定仪表位号入库，进入检验室进行调校。

2. 盘柜安装

室内装饰基本完成后进行盘柜安装，安装时注意保护盘内设备元件，同时注意配合防静电地板施工。

3. 仪表单体调校

仪表单体调校在校验室内进行，校验室的电源、气源、温度、湿度必须满足仪表技术要求，调校前技术人员熟悉说明书，并确定试验项目、方法、测量管线及电气线路，校验精度及标准，所选用标准表满足设计精度、量程要求。校验室应具备安防设施。

4. 导压管安装

按设计的规格、材质、型号对仪表导压管进行检查。检测点和一次阀门位置确定后，依施工图和现场情况规划布置。原则应以路径短、弯曲少、焊接口少的方案布置。不锈钢管采用氩弧焊焊接，碳素钢管使用螺纹连接或卡套式接头、套管焊接。

5. 仪表安装

仪表安装条件满足工程防护要求，应保证安装环境及后期施工不会对仪表设备造成损害，安装完后同时应对可调部位加封、标识，以防他人乱动。

6. 仪表电缆敷设

敷设前检测电缆的绝缘及屏蔽技术指标，敷设时注意按规范留足接线长度、检修长度、弯曲长度及绝缘保护。强电电缆与弱电电缆共用桥架且采用隔板隔离。

7. 仪表系统调试及单回路模拟试验

针对不同的检测回路准备好信号源标准仪表，根据主调单位要求进行配合。

4.7.2 控制室设备安装

控制室设备安装工艺流程如图 4.7-2 所示。

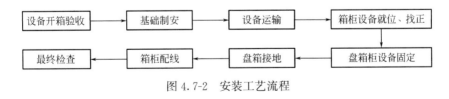

图 4.7-2 安装工艺流程

1. 开箱验收

箱、柜的型号、规格和位号应与设计相符，设备应完好无损，油漆无脱落现象，零配件齐全，并具有验收合格的各种证明文件。设备开箱验收完毕后应尽量恢复原有包装，以便在运输和吊装过程中继续对仪表设备给予完好的保护。

2. 型钢底座制作

1) 将整条槽钢平直放在托架上，拉线检查其垂直度和水平度，对偏差大的要进行校正，严禁用气割下料。

2）槽钢平放，按图制作基础框架。型钢底座的制作尺寸应与盘、柜相符。

3）按照图纸尺寸，将基础框架准确地放置在地坪上的规定位置，用垫片调整水平度，并使框架顶部高出永久地坪 10～15mm。

4）控制室内安装的框架，标高应一致。

5）就位后的基础框架水平度要求：每米允许偏差 1mm，当型钢底座总长超过 5m 时，全长允许偏差 5mm。

6）挂式箱的框架安装借助水平尺、线锤和钢卷尺进行找平、找正，固定时交替拧紧膨胀螺栓，以螺杆伸出螺母 2～3 扣为宜。

3. 控制室设备运输

1）大型仪表设备根据仪表盘柜的重量和外形尺寸，选择适合的运输车辆、运输机具。

2）仪表盘、柜设备在运输过程中应小心直立带包装搬运，并采取相应保护措施，不许堆叠，严防撞击敲打或倾倒。

4. 控制室盘、柜、箱设备固定

1）将盘柜用螺栓连接在一起，全部连接好并找正后与基础框架采用螺栓连接，对有力矩值要求的盘、柜等仪表设备，在安装时应严格按照力矩值的要求进行固定。

2）盘的安装应牢固、垂直、平整，安装尺寸符合下列要求：单独的仪表盘、柜、操作台的安装，垂直度允许偏差为 1.5mm/m，水平度允许偏差为 1mm/m；成排的仪表盘、柜、操作台的安装，同一系列规格相邻两盘、柜、台顶部高度允许度偏差不得大于 2mm；成列盘、柜、台间的连接处超过 2 处时，顶部高度允许偏差不得大于 5mm；相邻两盘、柜、台接缝处的平面度偏差应不大于 1mm。为防火、防尘，盘底孔洞必须用松软耐火材料严密封闭。

当仪表盘、箱、盒需要现场开孔时，应先用电钻钻孔，再用开孔器扩孔，并对开孔处按设计要求进行密封处理。

5. 盘、柜、箱内配线

1）从外部进入仪表盘、柜、箱内的电缆电线应在其导通检查及绝缘电阻检查合格后再进行配线。

2）将仪表盘、柜、箱内所有芯线理顺、排列正确，正确地按设计图纸识别标记，并且所处位置与识别标记相一致。

3）电缆终端制作：测量实际所需的电缆长度后，按该长度再加 10cm 的富余量切断。在芯线上套上识别标志环、标签套等。

4）备用芯线应接在备用端子上，或按可能使用的最大长度预留，并应按设计文件要求标注备用线号。

5）接地电缆的端接：接地电缆用压接的铜接线片进行端接，端接座板应清洁，不得沾有任何不导电的物质。

4.7.3 就地仪表安装

就地仪表安装工序如图 4.7-3 所示。

（1）压力仪表、分析仪表、流量仪表、液位仪表、变送器等均应经过单表调试。

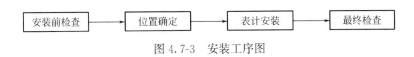

图 4.7-3　安装工序图

（2）显示仪表应安装在便于观察示值的位置。

（3）仪表不应安装在振动、潮湿、易受机械损伤、有强电磁场干扰、高温、温度变化剧烈和有腐蚀性气体的位置。

1. 压力仪表安装

就地安装的压力表不应固定在有强烈振动的设备或管道上。测量低压的压力表或变送器的安装高度，宜与取压点的高度一致。压力计安装示意图如图 4.7-4 所示。

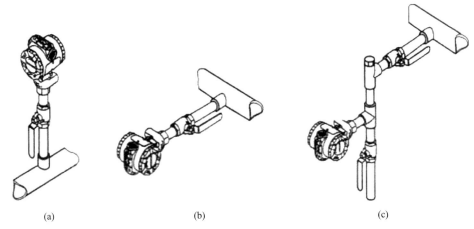

图 4.7-4　压力计安装示意图
（a）用于气体；（b）用于气体或液体；（c）用于液体

2. 流量仪表安装

流量计应安装在无振动的管道上，垂直度允许偏差 2/1000，被测介质流向须自下而上，上游直管段的长度大于 5 倍工艺管道内径。流量计安装示意图如图 4.7-5 所示。

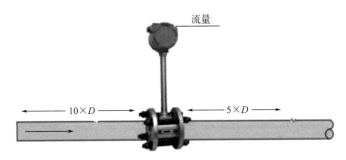

图 4.7-5　流量计安装示意图
D—工艺管道内径

节流件的安装方向，必须使流体从节流件的上游端面流向节流件的下游端面。孔板的锐边应迎着被测流体的流向。

环室上有"＋"号的一侧应在被测流体流向的上游侧。当用箭头标明流向时，箭头的指向应与被测流体的流向一致。

3. 液位仪表安装

液位计的安装高度应符合设计规定，探头与液面呈垂直状态，仪表安装高度不应低于液面上限部位。液位差计由两个液位计、一个变送器构成。液位计安装示意图如图 4.7-6 所示。

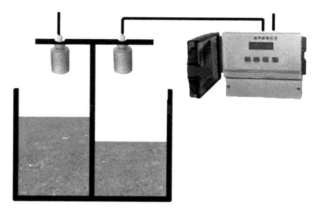

图 4.7-6　液位计安装示意图

4. 分析仪表的安装

预处理装置应单独安装，并应靠近传送器。被分析样品的排放管应直接与排放总管连接，总管应引至室外安全场所，其集液处应有排放装置，有毒气体检测器的安装位置应根据所检测气体的密度确定。当其密度大于空气时，检测器应安装在距地面 $200\sim300$mm 的位置；当其密度小于空气时，检测器应安装在泄漏区域的上方位置。

5. 调节阀安装

控制阀的安装位置应便于观察、操作和维护。执行机构固定牢固。安装用螺纹连接的小口径控制阀时，必须装有可拆卸的活动连接件。保证调节机构、执行机构的机械传动灵活，无松动和卡涩现象。执行机构连杆的长度应能调节，并应保证调节机构在全开到全关的范围内动作灵活平稳。

4.7.4　仪表电缆敷设

仪表电缆敷设安装工艺流程如图 4.7-7 所示。

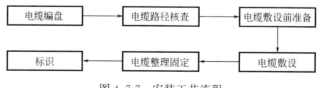

图 4.7-7　安装工艺流程

1. 电缆敷设

敷设每根电缆均要在电缆端头粘贴临时的识别，并清楚地标明电缆编号、电缆特性、电缆起点设备、电缆终点设备等。电缆敷设路径的电缆桥架、电缆沟要有足够的电缆滚筒，以保证电缆不与地面、桥架发生摩擦。敷设电缆时，一定要保持电缆上的拉力恒定并满足最小弯曲半径的要求，具体见表 4.7-1。

电缆类型	允许弯曲半径
信号电缆	$\geqslant 15D$
电源电路	$\geqslant 15D$

注：D 为电缆直径。

1) 电缆在支架上的敷设应符合下列要求：控制电缆在普通支架上不宜超过 1 层，在桥架上不宜超过 3 层；交流 3 芯电力电缆在普通支架上不宜超过 1 层，在桥架上不宜超过 2 层。

2) 敷设电缆时，对电缆可先采用临时固定。

3) 在必要的地方（如拐弯处、电缆分支处等）需增加固定点，特别要保证电缆的弯曲半径。

4) 电缆的两端须进行封盖处理，以免电缆因环境而受潮。

5) 电缆敷设结束后、电缆端接前须使用兆欧表测试电缆绝缘电阻，经测试合格且符合设计要求后方可进行电缆端接工作。

2. 电缆的整理与固定

1) 电缆敷设完成后须对电缆桥架内的电缆进行整理，尽量消除桥架内电缆不必要的松弛。

2) 电缆整理时，应采用正式的固定装置替代电缆敷设时的临时绑线。

3) 电缆标识：在进行电缆端接前，应将已敷设电缆两端的临时标志更换为设计指定的标志牌。

4.7.5 现场仪表测定

1. 控制方式

仪表的 4～20mA 信号由 PLC 采集，后经 PLC 传送给中控室。

2. 调试过程

调试仪表，保证有 4～20mA 信号传送至 PLC 柜，调试与 PLC 的通信，该过程分为以下几个步骤：

1) 检查通信线路是否畅通；

2) PLC 配置通信软件；

3) PLC 上电测试通信，若可连通则观察通信数据是否正确，若没有连通则根据 PLC 报错信息检查软件配置；

4) 编制数据交换程序，并监视数据是否正确，若不正确则修改程序直到数据完全一致。

4.7.6 监控系统

1. 配管

1) 电缆管不应有穿孔、裂缝和凹凸不平，内壁应光滑。

2）在弯制后，其弯扁程度不大于管外径的 10％，电缆管弯曲半径应大于所穿入电缆的最小允许弯曲半径。

3）电缆管敷设：每根电缆管的弯头不应超过 3 个，直角弯不超过 2 个，电缆管敷设时应安装牢固，支持点间的距离不应超过 3m。

4）引至设备的电缆管管口位置，应便于与设备连接，且不妨碍设备的拆卸和进出。

5）针对暗配的导管，埋设深度与建筑物、构筑物表面的距离应满足规范要求。

2. 设备安装

1）在土建施工前根据设备供应部门提供的摄像机云台尺寸制作安装支架，并按云台尺寸及固定位置开孔，支架在侧墙壁安装，用膨胀螺栓固定在墙上。

2）摄像机的防护套是防尘、防高温、防低温的主要设备，安装时与摄像机紧密连接，不能使摄像机来回晃动。

3）摄像机的传输接头处要加装密封垫，尤其是接头在室外时更应予以重视，以免接头处进水锈蚀而造成接触不良，影响图像的传输效果。

4）摄像机尽可能避免逆光。

3. 线缆敷设

1）音频电缆、电源线敷设前进行通断试验和绝缘电阻测试。

2）电缆捆绑牢固，松紧适度，绑扎线搭扣整齐一致。

3）电缆拐弯处均匀圆滑，曲率半径与设计相符。

4）电源线与其他电缆分道单独布放。

4. 设备接端

1）外部连接线缆

（1）在布放电缆时，先检查电缆外观，核对长度，按接口形式制作电缆连接插头；按设计要求将电缆敷设至传输设备进线口，根据设备的走线形式，将电缆经机柜侧面的走线区连接到相应的单板接口。

（2）电源线：传输设备的电源从机房高频开关电源接入。

（3）五类线在设备端接入网络，另一端接入用户网管设备。

（4）线缆布放、连接完成后，全面检查接线质量，包括接地电阻测量、电源线、告警、业务电缆的连接情况的测试检查。

2）内部线缆的连接

（1）电源线中间无接头。

（2）系统用的交流电源线必须有接地保护线。

（3）电源线的成端接续连接牢靠，接触良好，电压降指标及对地电位符合设计要求。

5. 调试

1）通电测试前的检查

（1）设备的各种选择开关应置于指定位置；

（2）各种配线架接地良好；

（3）设备内部的电源布线无接地现象。

2）单点测试

（1）系统安装完毕后，对设备上电开机，观察设备的运行状态，如有异常，应立即关机，待查明原因后再重新开机。

（2）对设备的各种技术指标进行测试。

3）硬件检查测试

（1）硬件设备按厂家提供的操作程序，逐级加上电源。

（2）设备通电后，所有变换器的输出电压均应符合规定。

（3）各种外围终端设备齐全，自测正常。

（4）检查接入设备、配线架等各级告警信号装置是否工作正常、告警准确。

4）系统检查测试

（1）接口测试；

（2）系统的监控、视频播放功能测试；

（3）设备经过严格的系统检查测试，稳定性需满足初验要求。

5 运行调度篇

5.1 CSO 调蓄及强化处理系统

5.1.1 黄孝河流域

低位箱涵（过流能力 22m³/s）＋黄孝河 CSO1 调蓄池（调蓄能力 25 万 m³）＋黄孝河 CSO2 强化处理设施（处理能力 6m³/s，相当于 51.8 万 m³/d）。

配套闸门：前进四路闸门（柔性节制闸）、黄孝河暗涵六孔闸（启闭式）、低位箱涵配套闸门（下开，闸顶 18.5m）。

5.1.2 机场河流域

低位箱涵（过流能力 15m³/s）＋机场河 CSO 调蓄池（调蓄能力 10 万 m³）＋常青 CSO 调蓄池（调蓄能力 10 万 m³）＋机场河 CSO 强化处理设施（处理能力 4m³/s，相当于 34.5 万 m³/d）。

主要配套闸门：低位箱涵配套闸门（下开，闸顶 18.1m）、东西渠钢坝闸（东渠钢坝闸闸顶 18.3m，西渠钢坝闸闸顶 18.445m）。

黄孝河、机场河流域系统图如图 5.1-1 所示。

5.1.3 工艺单元介绍

CSO 调蓄及处理系统主要包括如下工艺单元：

1）进水粗格栅，截留河道中大型固体杂质；

2）调蓄池，存储 CSO 污水；

3）提升泵站，将 CSO 污水提升至 CSO 强化处理设施；

4）细格栅和曝气沉砂池，去除雨水中部分易沉降物质；

5）高密度沉淀池，去除大部分悬浮物及 COD；

6）精密过滤器，作为高密度沉淀池保险措施，进一步去除悬浮物；

7）紫外消毒单元，去除水中细菌、病毒等病原体；

8）污泥脱水系统，处理高密度沉淀池产生的浓缩污泥；

9）加药系统，用于向高密度沉淀池投加药剂；

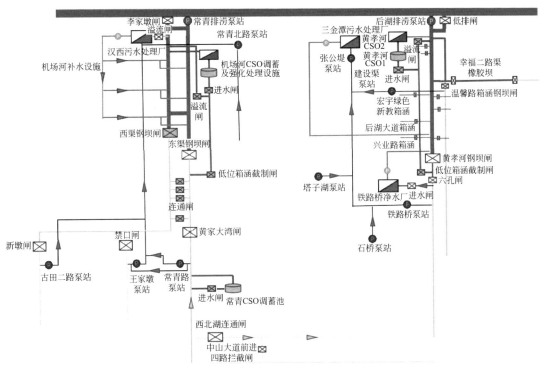

图 5.1-1 黄孝河、机场河流域系统图

10）除臭系统，用于调蓄池及厂区其他建、构筑物臭气收集和处理。
CSO 系统处理线工艺流程图 5.1-2 所示。

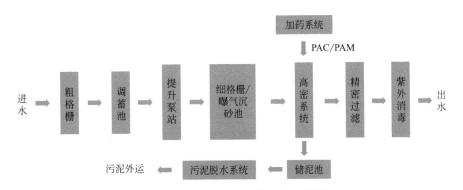

图 5.1-2 CSO 处理系统工艺流程图

5.2 系统调度

5.2.1 调度目标

1）晴天两河暗涵全截污，正常工况下，不发生溢流现象；

2）雨天溢流污染可控，暗涵年溢流次数小于 10 次；

3）黄孝河水安全满足 50 年一遇排涝要求；

4）黄孝河明渠水质达到地表水 V 类标准，力争主要水质指标达到地表水 IV 类标准，机场河明渠水质基本达到地表水 V 类标准；

5）流域内相关设施运行正常，排水正常。

5.2.2　调度规则

根据《降水量等级》GB/T 28592—2012 的降雨强度标准划分小雨、中雨、大雨、暴雨及以上等级，详见表 5.2-1。

不同时段降雨量等级划分表（单位：mm）　　　　　表 5.2-1

等级	时段降雨量	
	12h 降雨量	24h 降雨量
微量降雨(零星小雨)	<0.1	<0.1
小雨	0.1～4.9	0.1～9.9
中雨	5.0～14.9	10～24.9
大雨	15.0～29.9	25.0～49.9
暴雨	30.0～69.9	50.0～99.9
大暴雨	70.0～139.9	100.0～249.9
特大暴雨	≥140.0	≥250.0

1. 晴天工况运行规则

1）适用范围：晴天

2）运行目标：水环境优先

该模式最基本目标为确保两河暗涵污水全截留、不溢流，在实现旱季全截污的基础上尽可能降低暗涵及流域污水管网运行水位（为管网排查和改造创造条件），尽可能增加河道生态补水量（保障河道水体环境）。

3）CSO 收集处理设施运行模式说明

晴天保持暗涵及污水管网低水位，原则上机场河暗涵控制在 17.5m 以下，黄孝河暗涵控制在 16m 以下。

黄孝河、机场河 CSO 调蓄池及强化处理设施在正常晴天工况下不启动（出现暗涵液位持续升高等异常工况可按照市水务局调度指令应急启用），常青 CSO 调蓄池视暗涵水位决定是否启动，做好定期巡检维护、随时启动工作。

4）异常工况说明

晴天时，机场河暗涵若出现超 18.1m 的异常情况，东西渠联通闸开启，若仍持续上涨，项目公司报市水务局同意，优先开启常青 CSO 调蓄池，缓解机场河的高液位情况。若水位仍无法控制，则应急启动机场河 CSO 调蓄池。待水位缓解后，上述调蓄池及时排空，污水进入汉西污水处理厂。黄孝河暗涵液位若出现超 18.3m 且仍有持续上涨的异常情况，低位箱涵起端闸门开启，开启度根据实际上涨趋势调整，尽可能不影响现有污水处理设施正常运行；待黄孝河暗涵液位小于 18.0m 且已缓慢下降，低位箱涵起端闸门逐步关闭；在黄孝河 CSO 启用前使用黄孝河分散处理设施。

5）运行调度示意图

晴天工况系统运行调度示意图如图 5.2-1 所示。

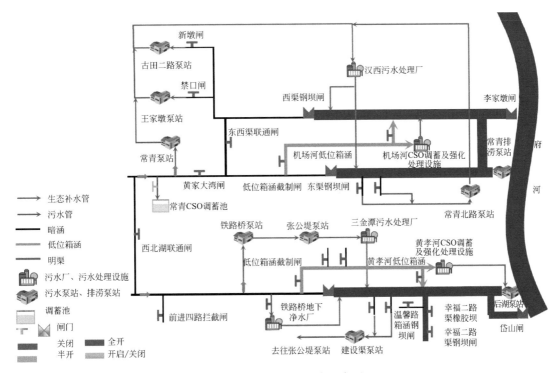

图 5.2-1 系统运行调度示意图

6）各站点调度规则

（1）黄孝河流域

黄孝河流域晴天工况调度规则如表 5.2-2 所示。

黄孝河流域晴天工况调度规则 表 5.2-2

本项目设施	调度规则	备注
铁路桥净水厂	常开,尽量保持满负荷	
黄孝河 CSO 调蓄池	关	
黄孝河强化处理设施	关	
前进四路闸	关	
黄孝河低位箱涵起端闸门	关	

（2）机场河流域

机场河流域晴天工况调度规则如表 5.2-3 所示。

机场河流域晴天工况调度规则　　　　　　　　　表 5.2-3

本项目设施	调度规则	备注
常青 CSO 调蓄池	关,异常工况执行调度指令	
机场河 CSO 调蓄池及强化处理设施	关	
王家墩污水泵站	常开	
生态补水泵站	常开	
机场河低位箱涵配套闸门	关	
东西渠联通闸×4	关,异常工况执行市水务局调度指令	
西渠钢坝闸	关	

2. 小雨、中雨、大雨工况运行规则

1）适用范围

根据《降水量等级》GB/T 28592—2012 划分小雨、中雨、大雨天气,以天气预报为预警,实测降雨为依据。

2）运行目标:水环境优先,兼顾两河水安全

小雨、中雨调度以水环境优先,兼顾水安全,两河暗涵溢流可控。大雨调度以水安全优先,兼顾水环境,尽量削减两河面源污染。

3）CSO 调蓄处理设施运行模式说明

（1）小雨、中雨:小雨时若污水处理能力富余,原则上,不启动 CSO 强化处理设施;中雨时可根据降雨情况视情况启动 CSO 强化处理设施。

黄孝河:若黄孝河暗涵液位达到 18.1m 且仍有持续上涨趋势,低位箱涵起端闸门开启,开启度根据实际降雨调整,尽可能不影响现有污水处理设施正常运行;雨后待黄孝河暗涵液位小于 18.0m 且已缓慢下降,低位箱涵起端闸门逐步关闭。

机场河:若机场河暗涵液位达到 18.0m 且仍有持续上涨趋势,开启常青公园 CSO 调蓄池;若常青公园 CSO 调蓄池已满,降雨持续且暗涵水位仍有上涨趋势,打开低位箱涵起端闸门,开启度根据实际降雨及水位调整;雨后,机场河暗涵液位小于 18.0m 且已缓慢下降,低位箱涵闸门逐步关闭,常青公园 CSO 调蓄池依据暗涵液位逐步排空。

（2）大雨:原则上,接到天气预报预警后即启动 CSO 强化处理设施预热待机。

黄孝河:若黄孝河暗涵水位达到 18.0m 且仍有持续上涨趋势,开启低位箱涵起端闸门,并根据降雨情况和暗涵液位调整闸门开度。雨后待黄孝河暗涵液位小于 17.9m 且已缓慢下降,低位箱涵起端闸门逐步关闭。

机场河:若机场河暗涵液位达到 17.9m 且仍有持续上涨趋势,开启常青公园 CSO 调蓄池;若常青调蓄池启用后机场河暗涵水位仍无法得到有效控制,再次回涨到 17.9m 时,开启机场河低位箱涵起端闸门,启用机场河 CSO 强化处理设施。雨后,机场河暗涵液位小于 17.9m 且已缓慢下降,低位箱涵闸门逐步关闭,常青公园 CSO 调蓄池依据暗涵液位逐步排空。

4）闸门

机场河东西渠联通闸:为避免东西渠溢流,在降雨时需及时开启。

前进四路闸:为使黄浦路污水系统辅助三金潭系统,降雨后开启。

机场河、黄孝河钢坝闸:中雨以下降雨规模,原则上钢坝闸不倒坝。中至大雨及以上

降雨期间，若调蓄池、处理设施等均已全面启动，两河液位仍然上涨到溢流边界或上游出现渍水情况，为确保水安全，优先开启低位箱涵末端溢流闸，溢流至明渠末端，如仍无法制止暗涵液位上升或缓解渍水点情况，则调度钢坝闸倒坝。待降雨和汇流结束，且预报24h内无大雨，可竖坝关闸（钢坝闸优先竖起，之后是末端溢流闸）。

5) 预降方案

黄孝河：收到中雨以上规模降雨预报，铁路桥净化水厂加大处理量，尽量提前拉低暗涵内水位；大雨以上规模预报，根据水务局调度，提前开启黄孝河CSO调蓄池预热设施，预降暗涵液位到17.8m以下。

机场河：大雨及以上规模预报，可根据市水务局调度，提前开启机场CSO调蓄池预热设施，预降暗涵液位到17.6m以下。

6) 调度示意图

小雨、中雨、大雨工况系统运行调度示意图如图5.2-2所示。

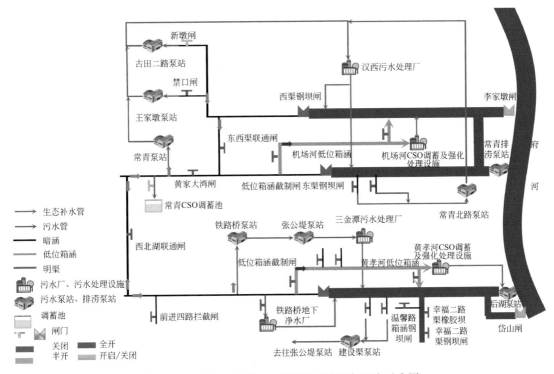

图 5.2-2 小雨、中雨、大雨工况系统运行调度示意图

7) 各站点调度规则

(1) 黄孝河流域

黄孝河流域小雨、中雨、大雨工况调度规则如表5.2-4所示。

黄孝河流域小雨、中雨、大雨工况调度规则 表 5.2-4

本项目设施	调度规则	备注
前进四路闸	开,降雨发生后打开闸门	
铁路桥净水厂	开,尽可能满负荷运行/超负荷运行,缓解暗涵压力	

续表

本项目设施	调度规则	备注
黄孝河低位箱涵起端闸门	关/开(具体规则详见上文说明)	
黄孝河 CSO 调蓄池	关/开,跟低位箱涵起端闸门调度规则同	
黄孝河强化处理设施	关/开,枯水期排空,汛期保持待机状态	
铁路桥生态补水	开	
沉泥区	雨后启动	
后湖二期排水站	根据泵站处调度抽排运行	

(2)机场河流域

机场河流域小雨、中雨、大雨工况调度规则如表 5.2-5 所示。

机场河流域小雨、中雨、大雨工况调度规则　　　　表 5.2-5

本项目设施	调度规则	备注
常青 CSO 调蓄池	关/开,按上述模式调度开	
禁口闸	闸前液位<18.73:关闭;18.73m≤闸前液位<19.03m:开 1/3;19.03m≤闸前液位<19.33m:开 2/3;闸前液位≥19.33m,全开	
机场河低位箱涵配套闸门	关/开,按上述模式调度开	
东西渠联通闸×4	降雨后打开	
西渠钢坝闸	关,根据溢流情况或上游渍水情况,由泵站处统筹调度开启	
机场河 CSO 调蓄池及强化处理设施	关/开,枯水期排空,汛期保持待机状态	
王家墩污水泵站	开	
生态补水泵站	开/关,大雨以上降雨时,关闭补水泵站,雨后及时开启	
禁口闸	根据液位调整下开堰开度;液位到 19.3m 全开,关王家墩泵站进水闸	

3. 暴雨及以上工况调度规则

渍水点情况,则调度钢坝闸倒坝。

1)适用范围

根据《降水量等级》GB/T 28592—2012 划分的暴雨、大暴雨、特大暴雨工况。

2)调度目标:水安全优先

该模式最基本目标为尽可能缓解上游渍水情况,及时抽排降低河道水位,避免河道水位漫滩,竖坝后尽可能快恢复河道水质。

3)模式说明

(1)该工况下涉及流域排水安全,排涝设施由市水务局统一调度。

(2)预降方案:黄孝河:收到降雨预报,按照市水务局调度,提前开启黄孝河 CSO 调蓄池进行设施预热,预降暗涵液位到 17.5m 以下。机场河:收到降雨预报,按照市水务局调度,提前开启机场河 CSO 调蓄池进行设施预热,预降暗涵液位到 17.3m 以下。根据液位及上游渍水情况调整闸门开度,汇水前确保闸门全开。按照现有规则进行调度,并根据调度过程中上游渍水情况，不断调整配套设施开启的时机和液位。

(3) 倒坝分析：建议满足以下条件需考虑进行倒坝，缓解水安全压力。

强化处理设施已满负荷运行（在达到启泵水位后立即将调蓄池合流制污水提升至强化处理设施），调蓄池已达到最高运行水位。此时，暗涵末端液位仍在持续上升，达到溢流边界或上游出现渍水情况，优先开启末端溢流闸，溢流至明渠末端，如仍无法制止暗涵液位上升或缓解。

暴雨工况系统运行调度示意见图 5.2-3。

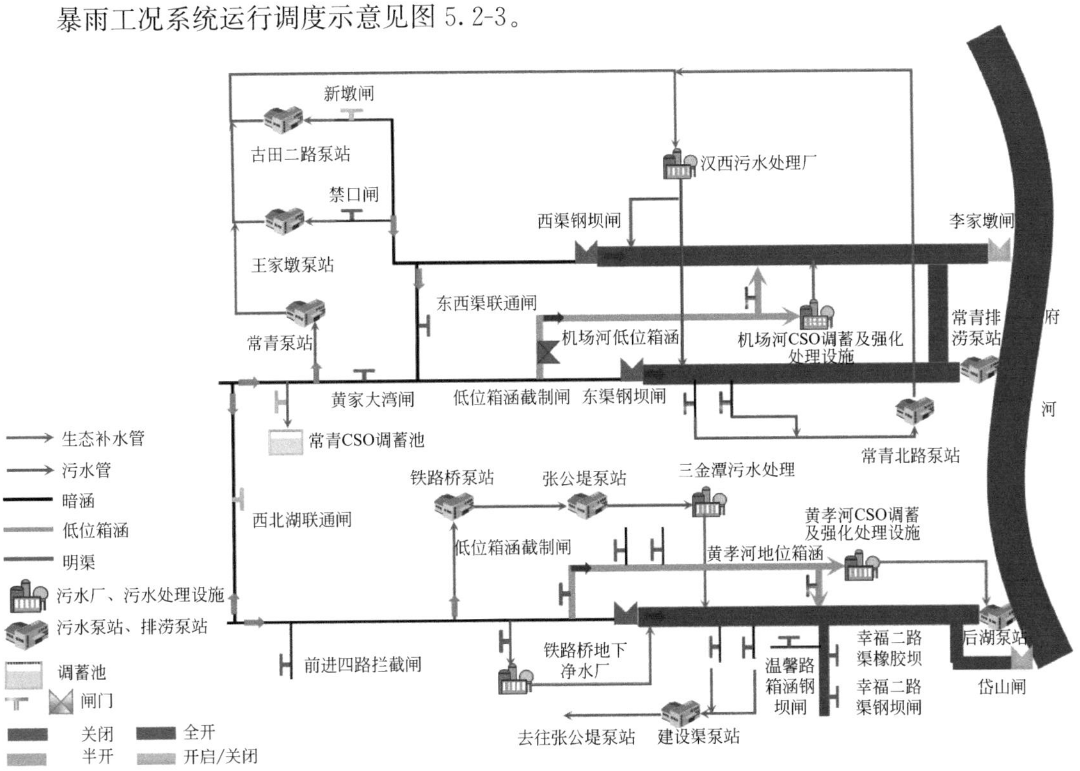

图 5.2-3 暴雨工况系统运行调度示意图

4) 各站点调度规则

(1) 黄孝河流域

黄孝河流域暴雨工况运行调度规则如表 5.2-6 所示。

黄孝河流域暴雨工况运行调度规则 表 5.2-6

本项目设施	调度规则	备注
前进四路闸	开，降雨发生后打开闸门	
铁路桥净水厂	开	
黄孝河低位箱涵起端闸门	开，极端工况下考虑提前开启，预降暗涵水位	
黄孝河 CSO 调蓄池	开，极端工况下考虑提前开启，预降暗涵水位	
黄孝河强化处理设施	开，极端工况下考虑提前开启，预降暗涵水位	
铁路桥生态补水	开	
沉泥区	雨后启动	
后湖二期泵站	根据泵站处调度抽排运行	

（2）机场河流域

机场河流域暴雨工况运行调度规则如表 5.2-7 所示。

机场河流域暴雨工况运行调度规则 表 5.2-7

本项目设施	调度规则	备注
常青 CSO 调蓄池	开，按上述模式调度	
禁口闸	全开	
机场河低位箱涵配套闸门	按上述调度模式开，极端工况下考虑提前开启，预降暗涵水位	
东西渠联通闸×4	开，降雨后打开	
西渠钢坝闸	关/开	
机场河 CSO 调蓄池及强化处理设施	开，极端工况下考虑提前开启，预降暗涵水位	
王家墩泵站	开（禁口箱涵处进水需关闭）	项目公司
生态补水泵站	关（雨后打开，恢复河道水质）	项目公司

5.3 系统运行方式

5.3.1 CSO 调蓄池运行方式

1. 进水运行

调蓄池主要的作用是截流合流污水及初期雨水，起到调峰的作用。晴天时排入污水系统的污水量较少（主要是路面冲洗用水、洗车用水等），此时 CSO 处理系统均为停运状态，即雨水泵房进水闸门、调蓄池进水闸门为关闭状态。后续根据水位进水运行。

晴天时，调蓄池内的污水泵抽回至现状箱涵，排至末端的污水处理设施进行处理。其中常青 CSO 调蓄池位于整个机场河系统的上游，截流的合流污水及初期雨水中杂质较多。因此，将调蓄池分为三格，每格中间采用溢流墙的形式，尽可能使杂质集中在第一格；同时充分利用调蓄池的容积，下小雨时，污水将第一格装满后，才会进入第二格，减少后两格清洗次数。调蓄池前两格采用冲洗能力强的智能喷射器，第三格由于水中杂质较少，采用门式冲洗，为防止冲洗不干净，在存水间增加补水管，必要时进行二次冲洗。

进水操作步骤如下：自动控制系统切换至自动运行模式，各工艺单元设备通电并切换至自动运行模式；打开 CSO 调蓄池前端箱涵闸门、格栅前闸门进水；启动除臭系统；当调蓄池提升泵低液位自动启动后，根据低位箱涵液位及流量，综合调蓄池液位是否达到设计最高值，及时调整调蓄池进水闸门开度控制进水量；当调蓄池液位达到设计最高值时，立即关闭所有进水闸门。

2. 调蓄池排空

常青调蓄池须待箱涵水位下降后进行排空，开启提升泵排入箱涵，输送至下游汉西污水处理厂处理。黄孝河调蓄池、机场河调蓄池直接将 CSO 污水全部提升至强化处理设施处理，即可实现排空。

排空步骤如下：开启智能清洗系统预曝气及智能喷射器进行搅拌；调蓄池水位下降约一半后，检查低位箱涵、格栅前池是否存在积水。如果存在积水，开启进水闸门，将低位箱涵、调蓄池前池各段残余积水引入调蓄池；格栅池排空后，手动开启粗格栅抓耙，将格栅条清理干净，并将栅渣完成压榨准备外运；如格栅池积泥超过30cm，应联系调度人员开启箱涵进水冲洗；调蓄池排空后，关闭智能清洗设备、各处进水闸门。

3. 调蓄池冲洗

调蓄池冲洗分为常规冲洗、清水冲洗和深度冲洗。

1）常规冲洗：调蓄池每次排空后，利用存水室内的水进行冲洗。

2）清水冲洗：根据常规冲洗效果，可再进行清水冲洗，要求冲洗后没有污泥淤积。

3）深度冲洗：将调蓄池进行彻底清洗。雨季结束后15d内完成深度冲洗。

4. 注意事项

1）粗格栅井内栅前设置紧急超越阀门及通道，用于防止粗格栅淤堵严重，无法满足进水需求而导致栅前水位雍高超过格栅工作地面造成事故损失。当栅前液位提前调蓄池到达最高设计水位时，打开紧急超越闸门，栅前来水通过紧急超越通道直接进入调蓄池。

2）格栅的工作状态：在一个格栅清渣完毕之后移动至下一个格栅进行清渣过程中，抓斗及机械手臂必须处于收紧状态，避免机械手臂与支撑柱子发生碰触，造成损伤。

3）当出现长时间连续降水，外部箱涵水位持续高水位，常青调蓄池内储存污水将短期无法排放。污水长期存放将会腐化，产生有毒有害气体，在此期间，应开启预曝气系统向污水充氧，降低污水腐化速率，同时调蓄池通风和除臭系统应每天定期开启。

4）调蓄池停用期间，应定期开启通风、除臭设施，防止有毒有害气体在部分区域聚积引发事故。

5.3.2 CSO强化处理设施运行方式

强化处理设施启停根据降水量、明确水位及溢流污染严重情况决定。

1）启动

（1）检查总进水闸门、粗格栅进/出水闸门、细格栅进/出水闸门、高密池进/出水闸门、精密过滤器进出水闸门及紫外出水闸门是否打开到位、精密池超越闸是否关闭到位，确保曝气沉砂池、高密池排空阀已关闭。

（2）按照水位控制逻辑，将强化处理各工艺系统切换至自动运行模式。即将细格栅、罗茨风机、洗砂器、高密池（生产模式）、精密过滤器及紫外切换到相应自动模式。

（3）检查PAC、PAM药剂量是否正常，管道阀门（PAC储罐、投加管）是否开启，通过加药流量排查管道是否堵塞。参考投加量：PAC投加量120PPM，PAM投加量2PPM。PAC为10%浓度的液体，PAM配置浓度0.1%。

（4）启动后1h内，巡查人员应加大各系统的巡查力度。重点对细格栅清理、曝气沉砂池曝气提砂效果、高效沉淀池絮凝效果、精密过滤器液位差以及各工艺段阀门/闸门开度进行巡查，此时应注意，精密过滤器因液位计受泡沫影响，需进行手动启动操作。

（5）高密沉淀池污泥回流浓度达到设计浓度前，当沉淀区泥位高度为0.5～1.0m时，污泥一直处于内回流状态，当泥位高度大于1.0m时，开启排泥系统。

（6）根据高密池进水 SS 在线监测数据，调整加药量，控制高密池出水 SS 在线监测数据低于 30.0mg/L，确保总出水 SS 低于 10mg/L，总磷低于 1.0mg/L。即在加药间控制柜将对应 PAC、PAM 加药泵调至手动模式，调节 PAC 及 PAM 加药泵的运行频率，直至满足出水要求。

2）运行

（1）每 2h 巡查一次。重点对细格栅栅渣清理、曝气沉砂池曝气提砂效果、高效沉淀池絮凝效果、精密过滤器运行状态进行巡查。若出现出水效果不佳的情况，应及时上报管理人员，采取调整加药量、降低水泵频率、切换备用线路等措施。

（2）根据进水、出水 SS 在线监测及时调整 PAC、PAM 加药量、污泥回流量等工艺参数，保障出水水质达标。

（3）定期检查高效沉淀池污泥回流液的污泥浓度及絮凝、沉降效果，及时调整加药量、回流量等参数。严格控制高密沉淀池回流污泥浓度。

（4）当出水流量波动较大时，应检查精密过滤器运行情况。重点排查长时间连续反洗、液位差异常的精密过滤器。出现液位报警时，应查看故障原因并及时上报，必要时采取停机或切换备用设备等措施。

（5）储泥池泥位达到 2/3 时开启脱泥系统。脱泥系统运行过程中应及时跟进进泥浓度调整药剂投加量，控制污泥含水率。通过视频监控，密切关注污泥、药剂、水管等泄漏情况，并及时处置。

3）停用

（1）关停调蓄池提升泵后，待强化处理紫外消毒池流量为 0 后，关停所有工艺设备，关闭进水分配井闸门。

设备：依次关闭细格栅、罗茨风机、洗砂器、高密池（调至隔离模式）、精密过滤器及紫外消毒器等。

闸门：依次关闭细格栅进/出水闸门、关闭高密池进/出水闸门、开启精密过滤器超越闸门、关闭紫外消毒渠闸门等。

（2）清理细格栅栅渣，开启曝气沉砂池排砂系统至砂水分离器无产砂后，开启排空阀。

（3）曝气沉砂池、细格栅排空后，清理大块垃圾、沉砂，关闭排空阀。

（4）将高效沉淀池底泥排至储泥池，上清液储存在池内用于浸泡斜管。

（5）开启脱泥设备，将储泥池污泥处理完毕。

（6）污泥料仓内污泥外运至指定处理单位。夏季污泥脱水停运 3d、冬季污泥停运 7d 以上时，应对污泥输送管道内污泥进行清理，防止板结。

（7）PAC、PAM 管道停用后，及时用清水冲洗。

4）注意事项

（1）长时间停用，受暴晒、雨淋等环境交替变化影响，室外设备将加速老化、锈蚀。曝气沉砂池宜保持 30cm 高度以上清水，闸门、细格栅活动部位做好润滑，并用遮阳布盖上。

（2）长时间停用，沉砂池、高效沉淀池、储泥池、脱泥系统管道内污泥、污水应排空并冲洗干净。

（3）长时间停用，水质在线监测仪表应清洗管路，关停仪表及取样泵，清理废液。在线监测房应保持空调运行。

（4）长时间停用，PAM 药剂易潮解并有强腐蚀性，已开封药剂应清理干净。未开封药剂储存应采取防潮措施。

5.4 工艺控制

5.4.1 调蓄池工艺控制

1. 工艺设计参数及控制目标

本项目工艺设计参数及控制目标如表 5.4-1 所示。

项目工艺设计参数及控制目标　　　　　　表 5.4-1

设备	属性	设计参数	工艺控制目标
粗格栅	液位差	≤0.4m	≤0.4m
调蓄池	调蓄水深	—	不超过设计最高液位
	淤泥深度	—	<0.1m
提升泵房	泵坑液位	—	黄孝河 CSO：3~13.9m 机场河 CSO：3~12m 常青 CSO：2.4~9.5m

2. 工艺控制

1) 进水

调蓄池进水主要根据调度方案执行，晴天及小雨时 CSO 调蓄池为停运状态，即进水闸门为关闭状态，为后期的降雨预留出调蓄空间。

当调蓄池需要进行进水操作时，打开 CSO 调蓄池前端箱涵闸门及格栅前、后闸门开始进水，同时启动除臭系统。

当调蓄池液位达到设计最高值时，立即关闭所有进水闸门。

2) 输水

黄孝河 CSO 调蓄池通过前端泵房 6 台潜水泵（1m³/s）及压力管道向 CSO2 配水井输水，无备用泵。潜水泵为定流量变扬程泵，根据调度方案开机，即增减 1 台水泵，传输流量变化为±1m³/s。泵房与调蓄池进水口联通，可以采用来水不进入调蓄池而是直接进入泵房抽排。当潜水泵满负荷且调蓄池调蓄能力达峰时考虑开启低位箱涵超越闸门。泵房预留泵位供远期输送至三金潭污水处理厂处理。

机场河 CSO 调蓄池通过 4 台潜水泵（1m³/s）及压力管道向强化处理设施输水，无备用泵。潜水泵为定流量变扬程泵，根据调度方案开机，即增减 1 台水泵，传输流量变化为±1m³/s。

常青 CSO 调蓄池根据调度指令通过 3 台潜水泵（1m³/s）及压力管道向机场河东渠暗

涵输水，无备用泵。

为配合高密池运行，调蓄池单台水泵初始启动建议按照设计水量负荷33%（单池水量约 1200m³/h），高密池出水达标后逐步增加频率、加大流量。

3）排空

当调蓄池需要进行排空操作时，开启智能喷射器进行搅拌，调蓄池排空后，关闭智能清洗设备、各处进水闸门。

4）冲洗

调蓄池冲洗分为常规冲洗、清水冲洗和深度冲洗。

（1）常规冲洗：调蓄池每次排空后，利用存水室内的水进行冲洗。

（2）清水冲洗：根据常规冲洗效果，可再进行清水冲洗，要求冲洗后没有污泥淤积。

（3）深度冲洗：将调蓄池进行彻底清洗。雨季结束后15d内完成深度冲洗。

5）粗格栅液位差

按工艺要求确定开启格栅机的台数，正常运行时将格栅机控制柜置于 PLC 控制状态。粗格栅及配套皮带输送机由 PLC 控制自动运行，运行周期通过格栅前后液位差及时间控制。在运行中液位差和时间控制同时作用，以液位差控制为主，时间控制为辅，液位差控制不得超过 400mm，格栅产生的栅渣要及时清理外运。

6）调蓄池淤泥深度

根据项目绩效考核要求，调蓄池每次排空后开启喷射器冲洗及门式冲洗系统，保证调蓄池内淤泥深度不超过 0.1m。

7）泵坑液位

为确保水泵运行安全，泵坑液位控制在设计液位之间。

5.4.2 细格栅及曝气沉砂池工艺控制

1. 工艺设计参数及控制目标

细格栅及曝气沉砂池工艺设计参数及控制目标如表 5.4-2 所示。

细格栅及曝气沉砂池工艺设计参数及控制目标 表 5.4-2

项目	工艺设计参数	工艺控制目标
细格栅液位差	450mm	≤450mm
曝气沉砂池水力停留时间	9.9min	≥9.9min
曝气沉砂池曝气量	0.1m³/m³	0.1m³/m³
反洗水箱液位	—	0.6~1.8m

2. 工艺控制

1）细格栅工艺控制

按工艺要求确定开启格栅机的台数，正常运行时将格栅机控制柜置于 PLC 控制状态。细格栅及配套压榨机、反洗系统由 PLC 控制自动运行，格栅运行周期通过格栅前后液位差及时间控制，液位差控制优于时间控制，运行中液位差不得超过 450mm。

为确保格栅反洗水量充足，反洗水箱应有足量反洗水。反洗水源来自自来水，水箱高度控制不低于 0.6m。

2）曝气沉砂池工艺控制

主要控制指标为：（1）池内曝气是否均匀；（2）曝气量是否充足；（3）水力停留时间；（4）水平流速；（5）液位。

曝气沉砂池顶部设有盖板，日常巡检过程中无法直接观察到池内曝气是否均匀，调试完成后每年定期进行检查。若有区域无曝气或曝气明显偏大，可通过支管阀门进行手动调节。

曝气量：曝气风机 $Q=23.37\text{m}^3/\text{min}$，日常运行根据进水量开启，单台风机对应 1 组 2 格。曝气量风机中已设置完成，工艺控制中检查风机开启后风量、风压是否正常。

曝气沉砂池液位与后端高密池进水渠连通，预处理系统进水后要及时开启高密池进水井闸门。高密池进出水正常情况下，曝气沉砂池液位一般不会出现较大波动，因此在保证各工艺段设备正常运行情况下，沉砂池液位无需特别关注。

5.4.3　高密度沉淀池工艺控制

1. 工艺设计参数及控制目标

高密度沉淀池工艺设计参数及控制目标如表 5.4-3 所示。

高密度沉淀池工艺设计参数及控制目标　　　　　　　　　表 5.4-3

项目	工艺设计参数	工艺控制目标
混合区停留时间	1.4min	≥1.4min
絮凝反应区停留时间	2.9min	≥2.9min
沉淀区表面负荷	$38.5\text{m}^3/(\text{m}^2\cdot\text{h})$	$\leq 38.5\text{m}^3/(\text{m}^2\cdot\text{h})$
泥位	0.5～1m	0.5～1m
进水水质	TSS≤500mg/L TP(以 P 计)≤4mg/L COD_{cr}≤400mg/L TSS/COD_{cr}≥1	TSS≤500mg/L TP(以 P 计)≤4mg/L COD_{cr}≤400mg/L TSS/COD_{cr}≥1
出水水质	TSS≤20mg/L TP(以 P 计)≤1mg/L COD_{cr}≤100mg/L	TSS≤20mg/L TP(以 P 计)≤1mg/L COD_{cr}≤100mg/L
PAC 加药量	—	根据药剂有效率、水量、进出水水质调节,投加量 8～15mg/L
PAM 加药量	—	根据药剂有效率、水量、进出水水质调节,投加量 0.6～1mg/L
药剂浓度	—	PAC:10%～30%;PAM:0.05～0.3%
污泥回流量	—	进水量<2880m³/h 时取进水量的 1%～5%; 进水量>2880m³/h 时取进水量的 1%～3%
搅拌器转速	—	混凝池输出转速:48r/min,螺旋桨叶端线速度 4.4m/s 絮凝池输出转速:2～16r/min,螺旋桨叶端线速度 0.36～2.85m/s

续表

项目	工艺设计参数	工艺控制目标
启动流量	—	启动流量不大于1800m³/h
单组最大流量	—	≤7200m³/h
刮泥机转速、驱动器扭矩		刮泥机外缘线速度:0.04~0.08m/s
溢流槽、协管表面检查		无青苔、无污泥堵塞、无杂物,可根据状况安排清洗频次
池面	—	无漂浮物、无浮泥

2. 工艺控制

高密系统根据雨季与旱季状态,以及降雨频率和强度的变化,共有五种运行工况,分别为:A启动程序,B运行程序,C待机程序,D卸空程序,E停机检修程序。

根据前端调蓄池的液位状态和低位箱涵流量,高密系统大部分时间处于运行和待机状态,并在此之间进行切换。

1) 运行程序

运行工况下,高密池监测总进水流量并控制加药量。总进水渠道设置pH分析仪和SS分析仪,用于监测进水水质。高密池进水污染物浓度应控制在设计值以内。

混凝池分两格,每格配备快速搅拌器,用来混合投加的药剂。向第一个混凝池内投加混凝剂聚合氯化铝(PAC)。

絮凝池配备絮凝搅拌器,通过变频器调节搅拌器的转速,向池内投加聚合物(PAM)。

PAC、PAM均由程序设置自动投加,加药量根据进水水质在PLC程序进行手动输入调节。药剂投加量应根据水样小试试验后初步确定,然后根据出水水质适当调整。

沉淀池的刮泥机,在自动模式时连续运行。刮泥桥的驱动装置通过变频器调节刮泥机的转速,驱动装置设两个扭矩开关,当刮泥机达到一级过扭矩时,则表示池内污泥浓度过高,应加速排泥,当刮泥机达到二级过扭矩时,应停止刮泥机并报警。在澄清浓缩区设置污泥液位计,用以监测池内泥位,低泥位时污泥泵禁止启动,高泥位时自动延长排泥时间。

污泥循环泵将澄清浓缩池底部的浓缩污泥送回至混凝池的第一格或第二格,调试运行阶段根据实际情况确定。污泥循环泵根据进水流量变频控制循环流量。污泥循环泵出口设置干运行保护开关,当泵干运行时,停泵并报警。循环污泥主管路上设置流量计,用于监测和控制循环的污泥量。

污泥排放泵将澄清浓缩池底部的剩余污泥排放到厂区污泥处理系统。污泥排放泵根据流量累积或时间累积模式间歇定速运行,排泥泵排放的时间间隔及运行时间同时受刮泥机一级过扭矩、污泥液位及污泥储池的液位控制。污泥泵出口设置干运行开关,当泵干运行时,停泵并报警,在泵的出口设有就地压力表,用于就地显示污泥排放泵的出口压力值。

备用污泥泵为污泥循环泵和污泥排放泵共用,其为变频控制,备用污泥泵出口设置干运行保护开关,当泵干运行时,停泵并报警。

回流泵定期运行,置换回流渠中的存水。

总出水渠设置SS分析仪,用于监测出水水质。高密系统出水由一根总出水管送至精密过滤车间。

2）启动程序

高密池启动流量建议采取 $1200m^3/h$，不宜超过 $1800m^3/h$，当单组出水合格时，逐级增加处理流量。

高密系统启动信号传递给厂区 PLC，对应系列的曝气沉砂池、精密过滤车间及紫外消毒渠道同步启动。

3）待机程序

待机状态下，高密系统停止进水和药剂投加，搅拌器间歇运行，刮泥机不停机，等待下一次进水。PAM 药剂管待机阶段需定期冲洗，设备定期检查状态。

待机时间长时，排出底部泥层，防止泥层厌氧翻泥。保留上清液用于保存斜管。排泥时间根据环境温度的变化，在运行过程中调整。

待机时，需注意池内 H_2S 含量。

4）卸空程序

高密池的卸空可以启动污泥泵和放空泵，将池内存水送至总进水渠。然后通过正在运行的另一组高密池，将这部分存水处理后，作为产水排放。最后一座池体的放空，需要通过总进水井排放至厂区污水管网。

5）停机检修程序

系统检修状态下，池体手动放空，设备停机切断电源。

如需切换至其他状态，运营人员必须与现场作业人员确认后，手动进行。

6）污泥回流控制

高密池在生产状态时，污泥回流泵连续运行且污泥回流泵的流量根据进水流量自动调节。污泥回流量为单池最高进水量的 $1\%\sim3\%$，当池内污泥层高度过低（<0.5m）时，不启动回流。

7）污泥排放控制

污泥排放间歇运行。池内泥位控制在 $0.5\sim1m$，当池内污泥层高度过低（<0.5m）时，禁止高密池排泥操作。

5.4.4 精密过滤工艺控制

1. 工艺参数及控制目标

精密过滤工艺设计参数及控制目标如表 5.4-4 所示。

精密过滤工艺设计参数及控制目标 表 5.4-4

项目	工艺设计参数	工艺控制目标
单台处理能力	$Q=30000m^3/d$	$Q\leqslant30000m^3/d$
进水水质	SS≤20mg/L	SS≤20mg/L； 氯离子≤90mg/L； 进水无漂浮垃圾； 水中无液相药物残留； 进水不含藻类； 进水动植物油含量≤3mg/L

续表

项目	工艺设计参数	工艺控制目标
出水水质	SS≤10mg/L	SS≤10mg/L
液位	—	500~1500mm

2. 工艺控制

1）处理能力控制

根据设备性能，单台设备处理能力最大为 30000m³/d，运行过程中根据系统进水水量确定精密过滤器相应启动台数。

2）进水水质控制

主要控制指标包括 SS、垃圾、药物残留等。其中 SS 指标主要与高密池出水有关，当高密池出水 SS 超过 20mg/L 时，不得进入精密过滤器。水中液相药物残留主要来自高密池 PAC、PAM 加药，为保证不影响精密过滤器正常运行，高密池加药量须严格控制。

5.4.5 紫外消毒工艺控制

1. 工艺参数及控制目标

紫外消毒工艺设计参数及控制目标如表 5.4-5 所示。

紫外消毒工艺设计参数及控制目标   表 5.4-5

项目	工艺设计参数	工艺控制目标
最大处理能力	—	单条廊道最大过流水量≤1.4m³/s
进水水质	SS≤30mg/L	SS≤10mg/L
出水水质	—	粪大肠菌群小于 10000 个/L
渠道液位	0.8~0.9m	0.8~0.9m
紫外透光率 UVT	≥65%	≥65%

2. 工艺控制

1）处理能力

按照机场河 CSO 强化处理设施处理能力 4m³/s，共 3 条紫外消毒廊道，黄孝河 CSO 强化处理设施处理能力 6m³/s，共 5 条紫外消毒廊道，水量直接关系到水与紫外线接触时间，接触时间不足则无法达到设计杀菌效果，单条廊道匹配水量 1.33m³/s，单条廊道最大过流水量不得超过 1.4m³/s。

2）进出水水质

一般来说，紫外线穿透率越低，消毒效果越差，进水浑浊程度对紫外消毒影响明显，结合项目绩效考核要求，要求进水 SS 不得超过 10mg/L。本项目绩效考核指标无粪大肠菌群数，但为减少环境影响，出水水质控制粪大肠菌群小于 10000 个/L。

3）渠道液位

紫外线消毒渠液位主要关系设备能否正常运行，液位主要通过后端自动水位控制器（ALC）控制，ALC 主要通过配重实现液位控制。

渠道液位控制在 0.8～0.9m，低于 0.8m 自动断电保护。

5.4.6 污泥脱水工艺控制

1. 工艺参数及控制目标

污泥脱水工艺设计参数及控制目标如表 5.4-6 所示。

污泥脱水工艺设计参数及控制目标 表 5.4-6

项目	工艺设计参数	工艺控制目标
脱水后 DS 含量	≥20%	≥20%
进泥含水率	98%	≤98%
絮凝剂投加量	2～6kg/t DS	2～6kg/t DS
絮凝剂配置浓度	0.05%～0.5%	0.1%～0.3%
反洗次数	2 次	2 次
泥仓泥位控制	—	<7m
脱水机参数设置	—	转鼓转速 n:2300～2700r/min 转鼓与螺旋差速 n'':2～16r/min 扭矩:60～80bar 轴承温度预报警设定:大/小温度高报警点,初始设定 75℃ 振动量程初始 25mm/s,振动报警初始 18mm/s

2. 工艺控制

1）絮凝剂配制浓度为 0.1%～0.3%，絮凝剂的配制自成系统并实现自动控制，通过给定供粉机频率及自来水水量即可得到恒定浓度的絮凝剂溶液。配制前，需测定不同供粉机频率下的实际供粉量，以测定固定自来水给水量情况下对应的絮凝剂浓度。该供粉量需定期进行校验，以保证供粉量及絮凝剂浓度的准确性。

2）污泥缓冲池浓缩后进泥含水率控制在 98% 以内，池内液位控制在 1.0～3.4m。

3）污泥脱水系统通过 PLC 控制柜一键启停，根据干泥含水率情况调整离心机、液压站、进料泵及进药泵频率等运行参数。

4）泥泵运行频率根据泥斗小车泥位情况进行调整，避免出现干泥泵干运行及干泥溢出的情况。

5.4.7 离子除臭工艺控制

1. 工艺参数及控制目标

离子除臭工艺设计参数及控制目标如表 5.4-7 所示。

离子除臭工艺设计参数及控制目标 表 5.4-7

项目	工艺设计参数	工艺控制目标
排放标准	《环境空气质量标准》GB 3095—2012 二级标准＋《城镇污水处理厂污染物排放标准》GB 18918—2002 二级标准。厂界废弃排放最高允许浓度:氨 1.5mg/m³;硫化氢 0.06mg/m³;臭气浓度 20(无量纲);甲烷 1mg/m³	《环境空气质量标准》GB 3095—2012 二级标准＋《城镇污水处理厂污染物排放标准》GB 18918—2002 二级标准。厂界废弃排放最高允许浓度:氨 1.5mg/m³;硫化氢 0.06mg/m³;臭气浓度 20(无量纲);甲烷 1mg/m³

2. 工艺控制

机场河 CSO 离子除臭系统工艺控制主要指标为臭气污染物排放浓度。调蓄池离子除臭为无组织排放、地面处理系统离子除臭为有组织排放，整个厂区臭气处理排放控制指标为：《环境空气质量标准》GB 3095—2012 二级标准＋《城镇污水处理厂污染物排放标准》GB 18918—2002 二级标准。厂界废弃排放最高允许浓度为：氨 $1.5mg/m^3$；硫化氢 $0.06mg/m^3$；臭气浓度 $20mg/m^3$；甲烷 $1mg/m^3$。

地面处理系统除臭烟囱为 15m，控制指标按照《恶臭污染物排放标准》GB 14554—1993，分别为：氨 15kg/h；硫化氢 0.33kg/h；臭气浓度 2000（无量纲）；二硫化碳 1.5kg/h。

当出现长时间连续降水时，调蓄池内储存污水短期无法排空，应开启智能喷射器向污水充氧，降低污水腐化速率，同时调蓄池通风和除臭系统应每天定期开启。

调蓄池停用期间，池内设置的气体报警仪报警时开启通风、除臭设施，防止有毒有害气体在部分区域聚积引发事故。